PATT AKING
FOR WOMEN'S
CLOTHES

원형 제작방법과 패턴 활용방법의 효율적 학습 지침서

여성복 패턴메이킹

김 경 애

 예문사

PATTERNMAKING
FOR WOMEN'S
CLOTHES

　　오늘날 소비자들의 감성은 높아지고 있으며, 날로 치열해지는 경쟁 속에서 글로벌 의류 업체들은 높은 디자인 감성에 적합한 패턴기술을 필요로 한다. 이러한 환경하에서 의복의 기능성을 확보하고 심미적인 실루엣을 창조하기 위해서 과학적이고 아름다운 패턴설계의 중요성은 아무리 강조해도 지나치지 않다.

　　다양한 요구를 충족하기 위해서는 패턴 개발과 원형 제작에서 그에 따른 응용과 전개가 가능해야 할 것이다. 그러나 패턴 관련 지식과 기술은 단시간에 습득할 수 있는 것이 아니며, 장시간의 경험과 반복을 통해 숙련되므로 많은 이들이 패턴 개발에 어려움을 겪고 있다.

　　따라서 본서는 의류패션 관련 전공자들이 교육기관의 기반 교육과정에서 효율적으로 학습할 수 있도록 원형 제작방법과 패턴 활용방법을 쉽게 정리하였다.

[본서의 특징]

1. 인체의 체형에 대한 과학적인 분석과 연구를 통해 축적된 노하우를 바탕으로 기본에 충실을 기하고자 노력하였다.
2. 각 단원마다 기본원리를 바탕으로 요점을 정리하였으며, 여러 아이템에 응용 · 전개하여 활용할 수 있도록 접근하였다.
3. 현재 산업체에서 활용하고 있는 마킹작업 및 작업 의뢰서를 수록하여 정확한 마킹작업 및 제품생산 의뢰서 작성방법을 익힐 수 있도록 하였다.
4. 다년간의 실무경험과 교육경험을 바탕으로 응용능력을 향상시키고 개발서로서 접근이 가능하도록 쉽게 정리하였다.

　　모쪼록 본서가 의복제작을 위한 패턴설계를 학습하는 독자들에게 적합한 지침서가 되기를 기대하며, 앞으로도 끊임없는 연구와 보완으로 독자 여러분께 좋은 길잡이로 다가갈 것을 약속드린다.

　　끝으로 본서가 출간되도록 도와주신 일러스트레이터 김선희 님과 지루하고 힘들었던 긴 시간동안 좋은 책이 출간되도록 힘써주신 예문사 정용수 사장님과 홍서진 상무님, 윤영옥 과장님을 비롯한 관계자분들께 진심으로 감사를 드린다.

2019년 6월

저자 김경애

■ 본서에서는 의류산업 현장에서 혼돈되게 사용되는 여러 의류 관련 용어들을 패션용어사전, 산업자원부 기술표준원, 한국의류산업협회에 따른 용어와 한국의류학회 의류용어집(의복구성 및 제도설계)을 참고하여 용어의 통일화를 시도하였다.

■ 표제어, 한자어, 대응외국어 등을 한글로 잘못 풀어쓰는 것을 최소화하고 현재 사용하고 있는 용어들에 대하여 표준동의어를 사용하도록 제시하였다.

> 예 굴신체형(屈身體形) → 굽은 체형 → 숙인 체형
> 가부라 → 접단 → 끝단 접기
> 낫찌 → 노치 → 너치(Notch) → 맞춤표, 맞춤점
> 가에리 → 아랫깃, 라펠(Lapel)
> 나라시 → 연단, 고루펴기 등

■ 본서는 정확한 체형분석과 오랜 연구를 바탕으로 좀 더 아름다운 실루엣을 창출하기 위해 이미 많은 검증을 거친 제도설계 방법을 제시하였다. 이를테면 인체의 특성상 상하로 허리선을 절개했을 때 옆선의 허리선이 늘어짐을 볼 수 있다. 본서에서는 옆선의 늘어짐을 방지하고 실루엣의 아름다움을 보완하기 위해 옆선의 Waist Line점을 1.5~2cm 정도 위로 올려 적용하여 옆선에서부터 점차적으로 늘어짐을 보완하는 방법을 제시하였다.

■ 의복제도 설계 시 용구를 사용함에 있어 좀 더 능률적이고 정확한 제도설계를 돕기 위해 각자(기본자) 사용하는 방법을 수록하였다.

✱ 각자(기본자) 사용하는 방법

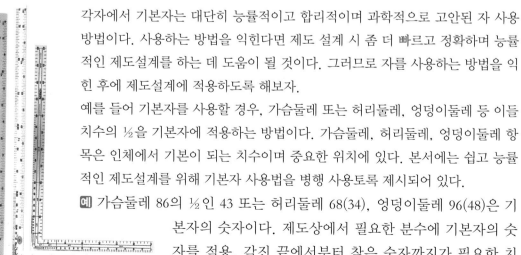

각자에서 기본자는 대단히 능률적이고 합리적이며 과학적으로 고안된 자 사용 방법이다. 사용하는 방법을 익힌다면 제도 설계 시 좀 더 빠르고 정확하며 능률적인 제도설계를 하는 데 도움이 될 것이다. 그러므로 자를 사용하는 방법을 익힌 후에 제도설계에 적용하도록 해보자.

예를 들어 기본자를 사용할 경우, 가슴둘레 또는 허리둘레, 엉덩이둘레 등 이들 치수의 ½을 기본자에 적용하는 방법이다. 가슴둘레, 허리둘레, 엉덩이둘레 항목은 인체에서 기본이 되는 치수이며 중요한 위치에 있다. 본서에는 쉽고 능률적인 제도설계를 위해 기본자 사용법을 병행 사용토록 제시되어 있다.

> 예 가슴둘레 86의 ½인 43 또는 허리둘레 68(34), 엉덩이둘레 96(48)은 기본자의 숫자이다. 제도상에서 필요한 분수에 기본자의 숫자를 적용, 각진 끝에서부터 찾은 숫자까지가 필요한 치수가 된다.

✳ 제도설계, 패턴제작을 위한 기호 및 부호

의류패턴의 표시기호는 한국산업규격(K0027)으로 규정되어 있으며 많은 기호와 부호가 있으나, 제도설계 및 패턴제작 시에 많이 이용하는 기호에 대해서만 기술하였다.

기호	항목	기호	항목
	기초선 안내선		맞주름 주름 접는 방향
	완성선		등분표시
	안단선		올 방향선과 결 방향선
	꺾임선		바이어스
	골선		직각표시
	맞춤표시		다트
	개더잡음		오그림표시
	절개선		늘임
	선의 교차		줄임
	외주름		단추 단춧구멍 및 단추위치표시
	너치(Notch)		접음표시(M.P) (manipulation)
	심지표시		골선표시

CONTENTS

여성복 패턴메이킹

PATTERNMAKING FOR WOMEN'S CLOTHES

의복제작을 위한

인체의 관찰

CHAPTER. 01

의복제작을 위한
인체의 관찰

인체.

인체의 형태는 골격과 근육으로 구성되어 있으며 근육의 양과 피하지방의 부착 그리고 연령, 성별, 인종에 따라 개인의 차가 있다. 그러므로 인종에 따라서 매우 다르게 나타난다. 또한 같은 사람일지라도 성장의 변화에 따라 좌우의 골격 형태가 다르고 체형이 달라지기도 한다. 이처럼 인체는 골격이 가장 기본적인 형태를 만들고 운동 중심인 근육이 그 위에 피하지방을 만들어 인체를 감싸주어 형태가 완성되는 것이다. 좋은 옷을 만들기 위해서는 몸의 생김새와 외관을 잘 파악하여 단점을 보완함으로써 인체의 굴곡을 최대한으로 활용한 미적 표현이 되어야 한다. 그뿐만 아니라 의복제작은 인체의 생리학적 기능에 부합하고 환경에도 적절히 대응하여 인체를 보호하는 것이어야 한다.

그러므로 좋은 의복이란 착용자의 체형과 몸의 동작을 방해하지 않으며 착용감이 좋아 체형의 결점을 보완하고 아름다우며 밸런스가 적절하게 조화를 이룰 수 있는 의복이라 할 수 있다. 이러한 의복을 제작하기 위해서는 인체의 세심한 관찰과 정확한 계측이 필요하며 아름답고 편안하며 활동적인 의복은 인체의 정확한 관찰과 이해에서부터 시작된다.

01 인체의 구조와 인체의 방향

사람의 기본적인 인체는 단단한 뼈와 연골(뼈, 관절, 근육, 피부)로 이루어지며, 몸의 형태는 근육의 수축과 이완에 따라 관절에 의해 일어나는 움직임의 결과이다.

몸의 형태는 이러한 관절의 움직임에 따라 다양하게 변화되므로 의복을 제작할 때는 이러한 관절이 어느 방향으로 어떻게 움직이는지 몸의 움직임에 대하여 이해하는 것이 매우 중요하다.

1. 골격(Bone)

골격은 인체의 기둥이 되며 형태를 유지하는 중요한 역할을 한다.

인체의 뼈는 약 200개가 넘는 구조로 이루어졌으며, 이 뼈들은 지지대, 운동, 보호 등 여러 가지 중요한 기능을 수행하며 몸의 형태를 유지하는 기둥이 되고 있다.

인체의 골격은 크게 총 4개의 부분으로 나누어 볼 수 있다.

❶ 머리뼈 : 머리뼈, 얼굴뼈   ❷ 몸통뼈 : 척추, 흉곽
❸ 상지골 : 팔뼈(자유팔뼈)   ❹ 하지골 : 다리뼈(자유다리뼈)

2. 관절(Joint)

두 개 이상의 뼈 또는 연골과 뼈가 만나는 곳을 관절이라 하며 관절에 의해 운동이 가능하게 된다. 대체로 관절의 기능은 움직이는 기능과 움직이지 않는 중요한 기능을 하며, 관절의 모양에 따라 운동의 방향과 범위가 다르다. 의복을 제작할 때 이러한 관절의 움직임을 파악하는 것은 매우 중요하며, 관절의 적절한 운동량과 의복 형태의 관계는 끊임없이 연구해야 할 중요한 과제이다.

3. 근육(Muscle)

근육은 인체에서 약 40% 정도를 차지하며 뼈를 움직임으로써 동작을 만들어내고 골격의 형태를 유지함으로써 인체의 형태를 만든다. 근육은 신경 자극에 의해 수축과 이완·흥분·탄력 등 신체의 각 부위의 움직임을 가능하게 할 수 있는 섬유 조직으로 이루어져 있으며, 어느 뼈에서 어느 뼈로 연결되는지를 알게 해주는 주요 기관이다. 근육은 우리의 몸과 장기에 운동이 일어날 수 있게 하므로 이에 따른 인체형태의 변화를 의복제작에서는 반드시 고려해야 할 중요한 요소가 되고 있다.(목 부위 근육, 가슴 부위의 근육, 등 부위 근육, 복부 부위 근육, 팔 근육, 다리 근육)

4. 피부(Skin)

피부는 인체를 감싸고 있는 가장 바깥쪽 기관으로서 외부의 자극으로부터 보호하고, 외부의 상황을 알려주는 감각기관이기도 하다. 피부는 영양상태, 질병, 연령, 환경 등에 따라 많은 변화를 보이며, 시각적으로 식별이 가능한 최대의 기관이다. 피부는 체중의 약 16%를 차지하며, 표피, 진피, 피하조직의 세 층으로 구성되어 있다. 또한 모발, 땀선, 피지선 등 부속기관이 있어 인체를 보호하고 발한작용으로 체온을 조절하고 지방을 저장하며 감각기능의 역할을 수행한다. 또한 피부는 사람의 외모를 결정짓는 매우 중요한 요소이다. 피부는 근육의 움직임을 방해하지 않고 수축과 탄성으로 환경 변화에 대응한다. 따라서 피부를 감싸는 의복은 피부의 신축 정도를 의복의 패턴설계와 깊은 상관관계가 있음을 고려해야 한다.

(1) 인체의 비율(Proportion)

인체의 비율은 외모를 결정짓는 중요한 요인 중 하나이다. 인체 비율은 머리 꼭대기에서 발바닥까지를 수직거리로 나눈 것이며, 성인의 경우 대부분 7~8두신 사이의 신체 비율을 이루고 있다.

태어나서 성인이 될 때까지 인체비율은 계속 변하며, 의복치수를 결정하는 중요한 요인이 된다. 예를 들어 어린이는 머리가 크고 사지가 짧고 작다. 그러나 자랄수록 신장이 머리보다 현저히 커지고 사지는 길고 굵어지며, 대체적으로 18세를 전후하여 성인과 같은 체형을 갖게 된다.

인체의 각 부분의 성장비율은 균일하지 않기 때문에 연령에 따라 신체의 형태와 비례에는 많은 변수가 따르게 된다.

그러므로 어떻게 하면 아름답게 보일 수 있는지의 비율은 인체 그대로의 밸런스를 이해하는 것과 어느 부분을 부각시키고 싶은지 판별하고 의복을 어떻게 할 것인지를 고려하지 않으면 좋은 의복은 구축하기 쉬운 일이 아니다.

(2) 연령에 따른 체형변화

❶ 여성이 20대가 되면 대체로 균형 잡힌 체형을 갖추게 되며, 이후로는 거의 변화가 없다. 그러다가 30대가 되면 출산 등으로 인하여 서서히 가슴이 처지고 허리둘레와 엉덩이둘레가 증가한다.

❷ 40~50대 중년여성의 경우 현저하게 체형이 변화하는데, 가슴은 처지고 겨드랑이, 허리, 엉덩이 부위에 집중적으로 체지방 침착이 시작되면서 처지게 된다. 허리의 굴곡은 적어지고 가슴둘레, 허리둘레, 엉덩이둘레의 차이가 점점 감소하게 된다.

❸ 60대 이후 노년기에는 등이 굽고 가슴이 처지며, 앞길이는 감소하는 반면 등길이는 길어지고 신장이 작아진다. 그리고 사지는 점차적으로 가늘어지고 허리와 엉덩이 부위에 체지방 침착이 집중되어 허리굴곡이 감소하며 복부비만이 시작된다. 또한 신체가 노화됨에 따라 무게중심이 앞으로 쏠리게 되므로 등이 굽은 체형, 허리가 굽어 상체가 앞으로 기운 체형, 등이 둥근 체형이 나타나며 배가 나오면서 상체가 뒤로 휜 체형 등 다양한 형태 변화

를 보이게 된다.

(3) 남녀 체형의 형태

남자와 여자의 체형은 생김새 자체가 서로 다르다.

일반적으로 남자는 근육과 골격이 발달하여 체형이 각이 진 반면 여자는 피하지방의 발달로 유연한 곡선형태를 지닌다. 남자는 여자보다 어깨가 넓고, 팔과 다리가 길며, 키가 크다. 대부분의 치수에서 남자가 크지만 엉덩이와 허벅지 부위는 대체로 여자가 크다.

이러한 남녀 체형의 차이는 주로 성장기를 거치면서 나타나며, 일반적으로 8세 정도까지는 남녀 구분이 크게 나타나지 않는다. 그러나 2차 성징을 거치면서 성별에 따른 체형의 형태가 점점 차이를 보이게 된다.

10~13세 정도가 되면 체중은 여자가 남자보다 높게 나타나며, 1, 2차 성징의 시기를 거치면서 외관상 뚜렷한 차이를 보이며 성별을 구분할 수 있게 된다. 이때부터 남자는 골격이 발달하고 여자는 젖가슴이 발달하게 된다.

체형에서 여자와 남자가 크게 다른 점은 가슴과 허리, 엉덩이의 굴곡이다. 여자의 체형은 엉덩이의 피하지방과 유방의 돌출로 허리가 가늘어 보이고, 몸 전체에 피하지방이 있어 몸의 곡선과 피부가 부드럽다.

이러한 체형의 분류는 개인의 주관적 판단이라기보다는 인류학자나 의학자, 생리학자 및 의류, 체육전문가들에 의해 분류된 것에 의존한다.

(4) 인체의 방위 및 체표구분

인체의 표면은 연속된 피부로 이루어져 있고, 경계선이 모호하다. 그렇기 때문에 각 부위를 구분하여 패턴설계가 가능하도록 기준선을 설정하여 각 부위에 방향과 명칭을 붙인 것이 인체의 방위이며, 체표를 구분한 선이 된다.

인체 방위의 설명은 가상면을 설정해 놓고 그면을 중심으로 방향과 위치를 표시한다. 의류학의 입장에서도 인체의 이해를 돕기 위해 그 용어를 그대로 사용하고 있다.

❶ 방위에 관한 용어
- 앞면 : 얼굴, 가슴, 배, 무릎 등이 보이는 면
- 뒷면 : 등과 엉덩이가 있는 면
- 옆면 : 앞면과 뒷면의 사이의 면
- 정중선 : 앞정중면과 뒤정중면으로 앞중심선과 뒤중심선을 지나는 선. 칼라로서 누임부분에 없는 칼라를 의미하며, 세움량은 디자인에 따라 증감이 가능하며 다양한 높낮이로 연출할 수 있다.

❷ 시상면(Sagittal Plane) or 정중면(median)

인체의 직립자세에서 인체를 좌우 대칭으로 나누는 가운데 면인 정중면을 중심으로 인체의 왼쪽과 오른쪽이 평형으로 구분되는 선으로, 이와 같이 정중선과 평행한 선을 시상면이라 한다.

❸ 수평면(Horizontal)

인체를 위·아래로 구분하는 것은 횡단면이며, 관상면을 중심으로 앞·뒤가 구분된다면, 시상면을 중심으로 인체의 오른쪽과 왼쪽이 구분된다. 수평면(횡단면)은 인체를 위·아래로 구분한다. 이를 수평면이라 하며, 인체를 중심으로 가까운 쪽을 안쪽, 먼 쪽을 바깥쪽으로 구분한다.

02 체형과 인체 부위

의류학에서 인체의 구분은 어느 부분을 강조하는가에 따라 다른 학문과 차이가 있으며, 해부학에서는 인체를 구간부(Body)와 사지부(Limb)로 구분한다. 이러한 구분은 의류학에서도 그대로 이용되며, 구간부는 머리, 얼굴, 목, 가슴, 배 등 몸통(Trunk)이며 사지는 팔(Upper Limb)과 다리(Lower Limb)이다. 사지에서 상지는 팔(Upper Limb)에 해당하며 하지는 다리(Lower Limb)를 의미한다. 이러한 구분은 의복제작을 위한 경계와 많이 다르지만 의복을 착용하는 대상과 연관지어 인체의 구조를 분석하여, 의류학에서 몸통은 최소한 의복으로 감싸지는 부분을 의미한다.

인체는 발생학(Embryology)적인 측면에서 그 생김새를 보는 관점이 여러 가지로 분류될 수 있다. 따라서 체형의 분류는 개개인의 주관적인 판단이라기보다 의류학자나 의학자, 생리학자 및 의류 체육 전문가에 의해 분류된 것에 의존하여 모양을 판단하는 방법과 수치에 의해 판단하는 방법으로 구분된다.

그러므로 체형은 각 사람의 모양을 결정하는 최후로 다듬어진 인체의 형태를 말하며, 체형과 가장 관계가 깊은 부위는 피부로서 피하지방이 침착된 부위와 정도에 따라 체형이 달라진다. 체형은 성, 연령, 인종, 지역에 따라 다르며 영양상태 및 인종에 따라서 개인의 차가 많고 사람에 따라 왼쪽과 오른쪽이 비대칭인 경우도 많다. 그러나 체격은 근육이나 피하지방에 관계없이 골격의 크기와 굵기에 따라 이루어진 골조의 형태와 크기를 의미하며, 성장이 끝난 성인은 영양상태나 질병에 별 영향을 받지 않고 일생을 일정한 형상을 유지하게 된다.

1. 목과 가슴의 구분선

목과 가슴을 구분하는 경계선은 뒤목점, 옆목점, 앞목점을 지나는 목둘레선이다.

2. 팔과 몸통의 구분선

팔과 몸통을 구분하는 경계선은 어깨끝점, 앞겨드랑이점, 겨드랑점, 뒤겨드랑점을 지나는 진동둘레선이다.

3. 몸통과 다리의 구분선

몸통과 다리의 구분선은 의복구성에서 체간부로 엉덩이와 앞엉덩이 위치에 있는 부위를 포함한다.

4. 앞과 뒤를 구분하는 선

앞과 뒤의 구분은 옆목점에서 어깨끝점을 이은 어깨선으로 체표상 뚜렷한 경계선은 어려우나 의복구성을 위해서는 반드시 지정해 주어야 하는 구분선이 된다.

03 체형과 체질에 의한 분류

1. 내배엽형(비만형, Endomorphy)

내배엽이란 인체 내의 장기를 뜻하며 소화기계통이 발달한 사람으로 몸이 부드럽고 둥글며 팔, 다리가 짧은 비만한 체형이다.

2. 중배엽형(근육형, Mesomorphy)

인체의 중간부위인 근육과 골격이 발달한 체형을 말하며, 어깨가 넓고 군살이 없으며 단단한 체형의 역삼각형 형태를 의미한다. 이는 남성적인 요소가 매우 강한 체형이다.

3. 외배엽형(수척형, Ectomorphy)

인체의 가장 바깥쪽인 피부와 신경과 감각 계통이 발달했으며 마르고 팔, 다리가 길며 예민한 체질이다. 이러한 외모의 체형은 신체의 길이 항목과 둘레 항목에 차이를 보이는 특징이 있으며, 패턴 설계 시 고려해야 할 중요한 요인이 되고 있다.

04 인체의 측면관찰

인체는 측면에서 관찰할 때, 정상체형, 젖힌 체형, 숙인 체형으로 분류할 수 있다.

1. 정상체형(곧은 체형)

정상체형은 척추의 굴곡이 균형을 이루고 있으며 바른 자세의 체형을 이루고 있다.

2. 젖힌 체형(반신체형)

젖힌 체형은 반신체라고도 하며, 척추가 뒤로 휜 형으로 가슴과 등이 뒤로 젖혀진 체형을 이루고 있다. 이는 주로 어린이와 임산부, 비만체형에서 많이 나타난다.

3. 숙인 체형(굴신체형)

숙인 체형 또는 굴신체형은 등이 굽어 앞으로 숙여진 체형으로 노화현상으로 뼈가 약한 노인에게서 많이 나타나는 체형이다. 이러한 여러 가지 자세에 따라 앞길이와 뒤길이의 치수가 다양하게 변화하므로 정확한 체형파악이 필요하다. 어깨의 경사 역시 개인의 차가 심한 부위로 여자의 평균 어깨 각도는 약 23° 정도이지만 이보다 처진 어깨나 솟은 어깨도 체형을 관찰해야 할 요인이 된다. 이는 소매와 목둘레선에도 영향을 주는 중요한 요인이 되므로 정확히 파악하고 분석해야 할 중요한 요소이다.

(1) 수치에 의한 분류

체형을 분류하는 가장 쉽고 간단한 방법으로는 키와 체중 등 신체를 대표하는 치수로서 계산된 값을 통해 비만형, 보통형, 마른형으로 체형을 분류하는 방법이다. 우리가 이용하는 지수들이 해당되는 것으로는 로러지수(Rohrer Index)가 대표적이며, 로러지수는 '(체중/신장^3)×10^7'로 구해지며, 이것은 신장을 한 면으로 정육면체에 비유하여 체중이 차지하는 비율을 계산하여 비만의 여부를 판단하는 방법이다. 이외에도 Kaup 지수와 Vervaeck 지수 등이 사용되고 있다.

- Rohrer Index = (체중/신장^3)×10^7
- Kaup Index = (체중/신장^2)×100
- Vervaeck Index = (가슴둘레+체중)/신장×100

4. 의복제작을 위한 인체 측정

의복은 인체의 치수를 기준으로 제작되고 여러 가지 형태(디자인)로 응용 전개되기 때문에 치수 측정과 인체의 형상을 정확히 파악하는 것은 적합한 의복제작을 위한 선행 조건이 된다.

인체를 측정하는 것은 쉽지 않으므로 목적에 따른 다양한 계측기와 계측방법도 달라지게 된다. 따라서 의복제작의 목적에 따라 피부 위에 확인 가능한 측정기준점을 설정하여 올바른 측정방법에 따라 적절한 방법을 적용하여 이용하도록 한다.

(1) 피측정(계측)자의 자세

- 귀와 눈이 수평이 되는 자세여야 한다.
- 양팔은 자연스럽게 내린 후 손바닥은 안쪽을 향하도록 한다.
- 등은 자연스럽게 펴고 어깨에는 힘을 주지 않는 편안한 자세로 한다.
- 발은 좌우 발꿈치를 붙이고 발끝은 자연스럽게(30° 정도) 벌린다.

(2) 측정을 위한 복장

아우터 웨어를 제작하기 위해 측정할 때는 속옷(브래지어, 팬츠, 소프트웨어)을 착용한다.

(3) 측정 방법

인체의 각 부위의 형상을 먼저 파악하고 그에 적합한 계측기를 사용하여 측정하는 방법이 바람직하며 의복의 종류에 따라 적절한 계측기 사용은 좋은 의복을 제작할 수 있는 중요한 조건이 된다.

05 인체치수의 측정

1. 측정기준점

측정기준점은 제도설계 시 기준이 되는 중요한 지점이며, 올바른 인체측정을 위해서는 기준점을 정하는 것이 매우 중요하다. 대부분 뼈를 기준으로 측정점을 결정하며, 인체에서 목이나 팔, 어깨 등은 측정점을 찾기 쉽지 않지만 인체의 외관상 두드러진 최소와 최고점으로 최대, 최소길이나 둘레를 결정하는 부위들로 이루어져 있다.

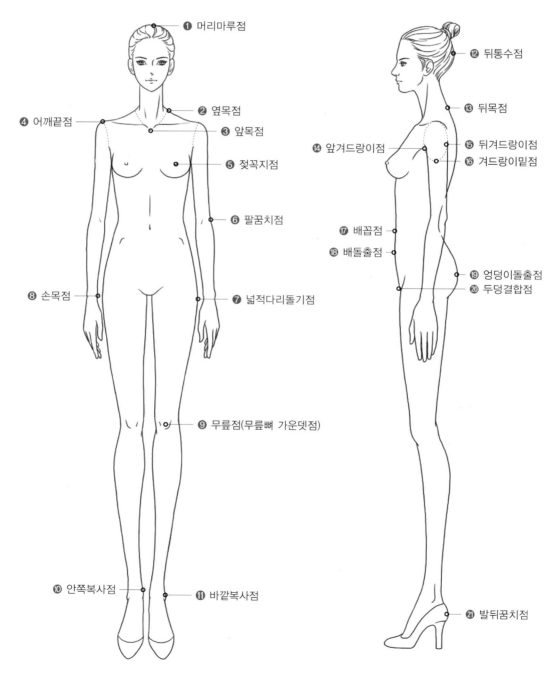

❶ 머리마루점
❷ 옆목점
❸ 앞목점
❹ 어깨끝점
❺ 젖꼭지점
❻ 팔꿈치점
❼ 넓적다리돌기점
❽ 손목점
❾ 무릎점(무릎뼈 가운뎃점)
❿ 안쪽복사점
⓫ 바깥복사점
⓬ 뒤통수점
⓭ 뒤목점
⓮ 앞겨드랑이점
⓯ 뒤겨드랑이점
⓰ 겨드랑이밑점
⓱ 배꼽점
⓲ 배돌출점
⓳ 엉덩이돌출점
⓴ 두덩결합점
㉑ 발뒤꿈치점

2. 측정기준선

올바른 측정을 위해서는 기준선을 정하는 것이 매우 중요하다. 인체의 기준선은 인체의 부위를 나누기 위한 선으로 의복구성에 필요한 중요한 선이 된다. 그러므로 적합한 선을 구분 짓는 것은 최대, 최소의 길이를 표시하기 위해 정해진 선으로 정확한 선을 설정해야 한다.

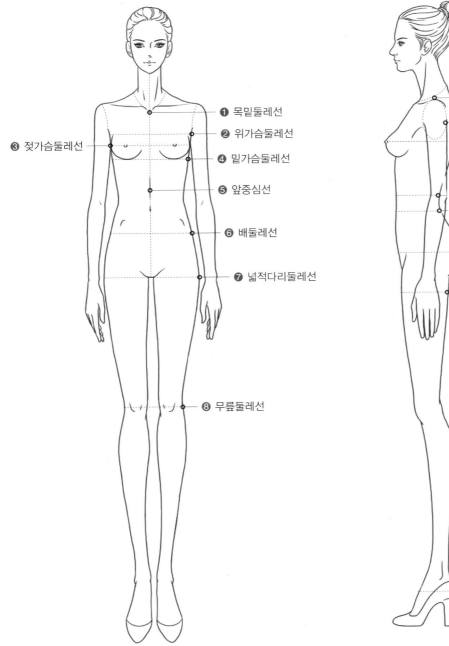

❶ 목밑둘레선
❷ 위가슴둘레선
❸ 젖가슴둘레선
❹ 밑가슴둘레선
❺ 앞중심선
❻ 배둘레선
❼ 넓적다리둘레선
❽ 무릎둘레선

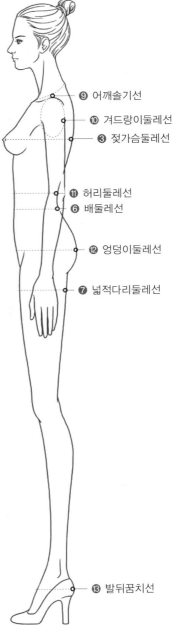

❾ 어깨솔기선
❿ 겨드랑이둘레선
❸ 젖가슴둘레선
⓫ 허리둘레선
❻ 배둘레선
⓬ 엉덩이둘레선
❼ 넓적다리둘레선
⓭ 발뒤꿈치선

06 인체의 측정 항목

인체를 측정할 때는 인체를 정확하게 파악하고 가슴둘레와 허리둘레, 엉덩이둘레 등 위치에 측정벨트를 하고 측정용구를 바르게 사용하여 다음 순서에 따라 인체를 정확하고 신속하게 측정할 수 있도록 한다.

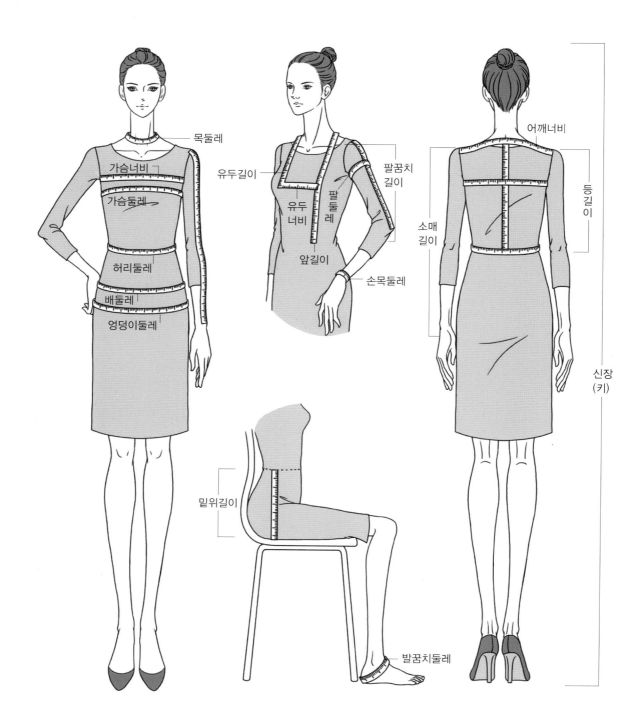

❶ 가슴둘레	❷ 허리둘레	❸ 엉덩이둘레	❹ 어깨너비
❺ 팔꿈치길이	❻ 소매길이	❼ 팔둘레	❽ 손목둘레
❾ 등길이	❿ 옷길이	⓫ 등너비(등품)	⓬ 가슴너비(앞품)
⓭ 유두너비(유두폭)	⓮ 유두길이(유장)	⓯ 앞길이	⓰ 엉덩이길이
⓱ 밑위길이	⓲ 다리둘레	⓳ 무릎둘레	⓴ 스커트길이
㉑ 슬랙스길이	㉒ 바지부리(밑단둘레)		

1. 인체 측정 항목

측정항목은 1차적 방법인 마틴식 측정법에 의한 것으로 선 자세에서 측정하는 높이, 너비, 둘레, 두께 항목과 신장(키)을 측정하는 방법으로 의복제작의 주요 항목에 대해서만 정리하였다.

(1) 길이와 너비 항목

❶ 등길이 : 뒤 목점에서 뒤 허리점까지의 길이

❷ 총길이 : 뒤 목점에서 뒤 허리점을 지나 바닥까지의 길이

❸ 바지길이 : 옆 허리점에서 발목점까지의 길이

❹ 스커트길이 : 옆 허리점에서 무릎점까지의 길이

❺ 엉덩이길이 : 오른쪽 옆 허리선에서 엉덩이둘레선까지의 길이

❻ 밑위길이 : 의자에 앉아 옆 허리선부터 의자 바닥까지의 길이

❼ 팔꿈치길이 : 오른쪽 어깨 끝점에서 팔꿈치점까지의 길이

❽ 소매길이 : 팔을 자연스럽게 내린 후 어깨 끝점부터 팔꿈치점을 지나 손목까지의 길이

❾ 어깨너비 : 좌, 우 어깨 끝점 사이의 길이

❿ 등너비 : 좌, 우 등너비점 사이의 길이

⓫ 가슴너비 : 좌, 우 가슴너비점 사이의 길이

⓬ 유두너비(간격) : 양쪽 젖꼭지점 사이의 수평거리

⓭ 유두길이 : 옆 목점을 지나 유두점까지의 길이

⓮ 앞길이 : 옆 목점에서 유두점을 지나 허리선까지의 길이

(2) 둘레 항목

❶ 목둘레 : 뒤 목점과 방패연골 아래 점을 지나는 둘레

❷ 가슴둘레 : 가슴의 유두점을 지나는 부위의 수평둘레

❸ 허리둘레 : 허리의 가장 가는 부위의 수평둘레

❹ 엉덩이둘레 : 엉덩이의 돌출점을 지나는 수평둘레

❺ 팔꿈치둘레 : 팔을 구부리고 팔꿈치점을 지나는 수평둘레

❻ 손목둘레 : 손목점을 지나는 수평둘레

❼ 발목둘레 : 발목점을 지나는 수평둘레

여성복 패턴메이킹

PATTERNMAKING
FOR WOMEN'S
CLOTHES

의류제품의
호칭과 치수규격

의류제품의
호칭과 치수규격

치수의 규격.

치수의 규격은 의복의 종류에 따라 치수의 규격을 정하는 것으로 인체의 기본이 되는 부위를 정하고 측정한 치수에서 다음 치수로의 증가적인 변이와 체형을 조합하는 작업이라 할 수 있다.

이러한 치수규격은 각 나라마다 인종에 따라 발생하는 불특정 다수의 다양한 체형을 포괄적으로 수용할 수 있는 의복 치수규격을 가지고 있다. 독일은 DOB, DIN, 미국은 CS와 PS, 영국에는 BS, 일본은 JIS, 프랑스는 FNOR, 한국은 KS K 등의 치수규격과 의복의 국제표준화기구로서 ISO(International Organization for Standardization)가 있다.

01 의복 치수규격과 호칭

기성복산업이 발달함에 따라 다품종 소량 생산, 전자상거래 및 대형마트의 등장 등 다양한 의류산업 유통구조의 변화로 인하여 더욱 신뢰할 수 있는 정확한 의류치수규격의 필요성이 대두되고 있다.

한국공업진흥청은 1979년 시행된 1차 국민체위 조사결과를 토대로 1981년 의복, 신발류 등 46개 공산품에 대한 치수규격을 제정하였다. 이어 부분적인 개정이 지속적으로 이루어지면서 1990년 41개의 치수규격 및 호칭에 대한 단순화 방안이 제시되었다.

그 결과 종전의 규격에 아동복, 유아복을 추가함으로써 9개의 규격(남성복, 여성복, 청소년복, 아동복, 유아복, 내의류, 파운데이션, 양말, 모자)으로 재분류하였고, 현재 노인여성복, 팬티스타킹 등 점점 다양하고 세분화되고 있음을 볼 수 있다.

1990년 개정 이후 기본 신체부위치수(KS K 0050-90)에서 여성복 치수규격(KS K 0051의 44, 55, 66, 77, 88 등)을 사용하여 왔으나 호칭별 의류치수규격에 대한 개념이 어렵고 기성복 업체들의 통일되지 않은 치수체계로 인한 혼란과 소비자들의 불만을 해소하기 위하여 ISO와의 규격을 통일하여 기호에 대한 호칭을 배제하고 직접 신체치수로 표시하도록 하였다.

2004년 개정된 의류제품 치수규격은 남성복을 성인, 청소년, 아동복으로 세분화하였으며, 여성복 또한 성인, 청소년, 아동복으로 세분화하였다. 그리고 노인복을 60세 이상을 기준으로 노인여성복의 치수를 규정하였으며, 분리되었던 남성복 드레스셔츠 규격을 성인남성복 규격에 포함시켰다. 그리고 파운데이션 치수규격에 거들 및 보디슈트 및 브래지어 치수규격을 포함시켰다.

그러나 의류업체는 반품발생과 소비자 불만의 주원인이 치수규격의 문제임을 인식하고 적합한 치수체계 재정립의 필요성을 강조하고 있다.

그리하여 2012년 개정된(KS K0050 성인남성복 치수, KS K0051 성인여성복 치수, KS K0052 유아복 치수) 치수규격은 인체치수의 나열형 대신 문자나 호칭을 도입하여 치수와 문자호칭을 선택하여 표시할 수 있도록 하고 인체치수 표시항목도 간편하게 의복아이템별로 대표호칭 사용이 가능하도록 함으로써 소비자들에게는 편의를 제공하고 생산자에게는 다양성을 제공하여 의류 유통의 효율성을 도모하고자 하였다.

02 신체치수 체계 및 용어정리

2012년에 개정된 의류치수규격을 산업통상자원부는 산업체의 여성복 치수 KS K0051을 유아복 및 남성복, 파운데이션을 제외한 여성복의 치수규격으로 규정하고 있으므로 성인여성 체형과 여성복 치수 규격(표 2-1, 2-2, 2-3, 2-4, 2-5)을 제시하였다. 우리나라는 정부주도하에 지속적으로 인체치수조사사업을 5년마다 실시하여 인체치수 결과를 효율성과 신뢰성을 높여 산업기반 구축을 위한 기초자료로 보완하여 제공하고 있다.

- 상의의 호칭은 성별, 나이별 인체치수에 대해 6차 사이즈 코리아 결과를 반영하여 실시하고 성인 남녀의 상의인 경우에는 가슴둘레, 허리둘레, 키 등 3개의 치수를 나열하여 표시하도록 하고 있는 현행 치수체계를 가슴둘레를 기본으로 표기하고 나머지 2항목은 선택하여 표기할 수 있도록 간편한 호칭체계로 사용하고 있다.
- 하의의 경우에는 허리둘레 중심으로 표기하며, 캐주얼과 레포츠웨어 및 이너웨어의 경우 치수와 문자 호칭을 선택적으로 사용이 가능하도록 하고 있으며, 문자호칭에 대한 범위는 명확하게 표시하여 호칭에 대한 치수범위를 설정하고 호칭의 치수간격을 유럽 및 국제표준 수준으로 부합하도록 사용하고 있다.
- 드롭(drop) : 남성은 가슴둘레와 허리둘레의 차이를, 여성은 엉덩이둘레와 가슴둘레의 차이 치수를 표기한다.
- 피트(fit)성 : 의류치수규격이 인체에 대한 적합성과 맞음새 정도를 의미한다.
- 신체용어 : 인체측정용어(KS A7003)에 따른다.
- 기본 신체부위 : 신체부위의 치수가 의류치수의 기본이 되며, 기본 의류치수의 항목에 해당하는 치수는 가슴둘레, 허리둘레, 엉덩이둘레, 신장 등을 말한다.
- 신체의 기본치수 : 신체부위치수가 의류치수의 기본이 되는 것을 말하며, 단위는 cm로 나타낸다.
- 의류의 기본치수 : 특정부위의 치수가 의류치수의 기본이 되는 치수로서 신체치수의 가슴둘레, 허리둘레, 엉덩이둘레 등의 제품치수를 말한다.

03 의복종류에 따른 기본 신체부위

[표 2-1] 의복종류에 따른 의류치수의 기본이 되는 신체부위

복종별 구분	기본 인체치수표시 항목과 순서	1	2	3
정장	재킷, 오버코트, 블라우스	가슴둘레	엉덩이둘레	신장
	셔츠, 원피스드레스, 팬츠, 스커트	허리둘레	엉덩이둘레	신장
캐주얼	재킷, 오버코트, 블라우스,	가슴둘레	엉덩이둘레	신장
	셔츠, 원피스드레스, 팬츠, 스커트	허리둘레	엉덩이둘레	신장
	니트, 티셔츠	가슴둘레	신장	–
스포츠웨어	상의	가슴둘레	신장	–
	하의	허리둘레	엉덩이둘레	신장
	수영복 상, 하/상의	가슴둘레	엉덩이둘레	신장
	수영복 하의	허리둘레	신장	–
내의류	내의 상, 하/상의, 잠옷(상, 하/상의)	가슴둘레	엉덩이둘레	신장
	내의 하의, 잠옷 하의	허리둘레	신장	–

04 의복종류에 따른 호칭 및 기본 신체치수

의류제품 종류에 따른 호칭과 의류치수에 필요한 기본 신체치수는 신체부위별 치수를 조합하여 의류제품의 치수를 설정하여 소비자의 상품선택이 용이하도록 표기한다.

1. 기본 신체치수의 체계

기본 신체치수는 신체부위에 따른 신체부위별 치수를 조합하여 설정한다.

- 여성복 상의 : 재킷, 원피스드레스, 코트의 경우 기본 신체부위는 가슴둘레, 엉덩이둘레, 신장이며, 신체치수 간격은 100cm를 기준으로 하여 가슴둘레 3cm, 엉덩이둘레 2cm, 신장 5cm 간격의 치수를 연속 적용한다.
- 여성복 하의 : 슬랙스, 스커트의 기본 신체부위는 허리둘레, 엉덩이둘레이며, 신체치수 간격을 100cm를 기준으로 하여 허리둘레 3cm, 엉덩이둘레 2cm 간격의 치수를 연속 적용한다.
- 피트성을 요하지 않는 스포츠웨어나 셔츠, 편성물, 내의류 등은 가슴둘레, 허리둘레, 엉덩이둘레와 신장을 각각 5cm 간격의 치수를 연속 적용한다.

05 성인 여성체형 구분 및 여성복 호칭 표시

1. 성인여성체형 구분

여성복 치수규격은 1999년(KS K0051)의 제정에 의해 여성체형에 드롭치수를 적용하여 N type(치수 차이가 보통 체형)과 A type(큰 체형), H type(거의 같은 체형)의 3가지 유형으로 구분하였으며, 신장으로는 보통 키(165cm 미만), 큰 키(165cm 이상), 작은 키(145~155cm 미만)의 세 그룹 체형의 구분표를 제시하였다.

[표 2-2] 성인여성 체형 구분

체형구분 / 신장	가슴둘레와 엉덩이둘레 차이가 보통체형 : N type(drop 6cm)	가슴둘레와 엉덩이둘레 차이가 큰 체형 : A type(drop 12cm)	가슴둘레와 엉덩이둘레 차이가 거의 없는 체형 : H type(drop 0cm)
petite (145~155cm)	drop 4~10cm type	drop 10~14cm type	drop −4~4cm type
regular (155~165cm)	drop 4~12cm type	drop 10~16cm type	drop −1~6cm type
tall (165~175cm)	drop 6~12cm type	drop 12~18cm type	drop 0~7cm type

상품선택의 중요한 요인이 되는 복종에 따른 호칭표기는 기본 신체치수를 "cm" 단위를 표기하지 않고 "–"로 연결하여 호칭표기를 하고 있다. 복종에 기본 신체치수는 [표 2-3]의 복종별에 따라 기본신체부위의 [표 2-4]와 [표 2-5]에 제시된 신체부위별 각각의 조합하여 설정하였다.

2. 여성복 호칭

(1) 정장 호칭

[표 2-3] 정장 상의 치수 호칭(피트성을 요하는 것)

치수 호칭		인체치수	범위
가슴둘레-엉덩이둘레-신장	84-92-160	가슴둘레: 84	가슴둘레: 82 이상 86 미만
		엉덩이둘레: 92	엉덩이둘레: 91 이상 93 미만
		키: 160	키: 157.5 이상 162.5 미만
가슴둘레-신장	84-160	가슴둘레: 84	가슴둘레: 82 이상 86 미만
		키: 160	키: 157.5 이상 162.5 미만

[표 2-4] 정장 하의 치수 호칭(피트성을 요하는것)

치수 호칭		인체치수	범위
허리둘레-엉덩이둘레-신장	69-92-160	허리둘레: 69	허리둘레: 66 이상 71 미만
		엉덩이둘레: 92	엉덩이둘레: 91 이상 93 미만
		키: 160	키 : 157.5 이상 162.5 미만
허리둘레-신장	69-160	허리둘레: 69	허리둘레: 67 이상 71 미만
		키: 160	키 : 157.5 이상 162.5 미만

(2) 여성복 캐주얼(스포츠)웨어 및 내의류 호칭

[표 2-5] 캐주얼(스포츠)웨어 및 내의류 상의 호칭(피트성을 요하지 않는 것)

치수 호칭		인체치수	범위
가슴둘레-엉덩이둘레-신장	85-90-160	가슴둘레: 85	가슴둘레: 82.5 이상 87.5 미만
		엉덩이둘레: 90	엉덩이둘레: 87.5 이상 92.5 미만
		신장: 160	키: 157.5 이상 162.5 미만
가슴둘레-엉덩이둘레	85-90	가슴둘레: 85	가슴둘레: 82.5 이상 87.5 미만
		엉덩이둘레: 90	엉덩이둘레: 87.5 이상 92.5 미만
가슴둘레-신장	85-160	가슴둘레: 85	가슴둘레: 82.5 이상 87.5 미만
		신장: 160	키: 157.5 이상 162.5 미만
가슴둘레 가슴둘레(문자호칭)	85 85(S)	가슴둘레: 85 가슴둘레: 85	가슴둘레: 82.5 이상 87.5 미만 가슴둘레: 82.5 이상 87.5 미만
문자호칭	S	가슴둘레: 85	가슴둘레: 82.5 이상 87.5 미만

Reference

적용범위 : 이 표준은 만 18세 이상 성인여성의 의류치수에 적용하며, 파운데이션 의류에는 사용하지 않는다.

06 산업체 여성복 브랜드의 치수에 따른 호칭

[표 2-6] 호칭에 따른 신체치수

단위: cm

부위 \ 호칭	호칭	44	55	66	77
	상의	82-90-150	85-92-155	88-96-160	91-100-165
	하의	64-90	67-92	70-96	76-100
신장		150	155	160	165
어깨너비		36.8	37.4	38	39.5
소매길이		56.4	57	57.5	58
등길이		37.4	38	38	38
등너비		34.5	35.5	36.5	37.5

가슴너비	32	33	34	35
가슴둘레	82	85	88	91
허리둘레	64	67	70	76
엉덩이둘레	90	92	96	100
목둘레	34.2	34.9	35.5	36.1
유두길이	23.5	24	25	25.5
소매둘레	24	25	26	27
재킷길이	65	66	67	68
스커트길이	65	67	69	71
코트길이	112	114	115.5	117
바지길이	94	96	98	100

07 외국의 치수규격

1. ISO(International Organization for Standardization)의 치수체계

국제표준화기구 ISO는 신장의 성장이 완료된 상태를 성인이라고 정의하고 있다. ISO에서는 치수체계를 체형의 드롭(drop)양에 따라 체형을 분류하였으며, 가슴둘레보다 엉덩이둘레가 큰 체형(drop 12)을 A체형이라 하고, 드롭양이 drop 6인 체형을 표준인 M체형, 엉덩이둘레가 작은(drop 0) 형을 H체형으로 분류하였다.

이를 다시 작은 키(160cm), 보통 키(168cm), 큰 키(176cm) 등 3그룹으로 나누었다. 분류기준은 가슴둘레(bust girth), 엉덩이둘레(hip girth), 신장(height)으로 되어 있다.

[표 2-7] ISO 성인여성의 체형 분류

단위: cm

체형(body type) 분류	드롭(drop)양의 평균치
A type(large hip)	12cm(9cm 이상)
M type(medium hip)	6cm(4~8 cm)
H type(small hip)	0cm(3~4cm)

[표 2-8] ISO 성인여성의 신장 분류

단위: cm

키(tall)의 분류	드롭(drop)양의 평균치
작은 키(short)	160cm(156~163cm)
보통 키(regular)	168cm(164~171cm)
큰 키(long)	176cm(172~179cm)

2. 독일 성인여성의 치수(size)체계

독일은 독일여성복협회(DOB)에서 표준치수규격을 ISO 치수체계의 평균 드롭양을 적용하여 연구 · 개발하였다.

엉덩이둘레가 큰 체형(8~14cm), 표준체형(4~8cm), 엉덩이둘레가 작은 체형(3~4cm)의 3유형으로 분류하고, 각 체형에 따라 작은 신장(160cm), 보통 신장(168cm), 큰 신장(176cm)을 평균 드롭양과 신장을 조합하여 3그룹으로 구성하고 있다.

기본 체형부위는 가슴둘레, 엉덩이둘레, 신장으로 이루어져 있으며, 가슴둘레와 엉덩이둘레의 간격치수는 4cm이고 신장의 간격치수는 8cm이다.

독일 치수체계는 가슴둘레를 기준으로 하였으며, 치수(size)코드는 36, 38, 40 등으로 설정 후 체형을 표시하는 5, 0의 기호를 앞에 붙인다. 신장 표시는 작은 키(160cm)의 경우 보통 키(168cm) 사이즈 코드의 1/2, 큰 키(176cm)의 경우는 보통신장의 사이즈 코드 2배를 표시하고 있다.

[표 2-9] 독일 성인여성의 치수체계

단위: cm

신체치수	체형분류 호칭		A 체형(large hip)					M 체형(medium hip)				
			516	517	518	519	520	16	17	18	19	20
			532	534	536	538	560	32	34	36	38	40
기본부위의 신체치수	신장	가슴둘레	76	80	84	88	92	76	80	84	88	92
	160	엉덩이 둘레	90	93	96	100	104	84	87	90	94	98
	168				96	100	104	84	87	90	94	98

3. 이탈리아 성인여성의 치수(size)체계

이탈리아는 세계적인 패션도시로서 자리매김을 하고 있는 패션의 명소임에도 불구하고 특별히 표준화된 치수체계를 가지고 있지 않다. 그러므로 일반적으로 이탈리아 자체 의류협회에서 만든 사이즈 시스템을 채택하여 사용하고 있다.

[표 2-10] 이탈리아 성인여성의 치수체계

단위: cm

측정항목 \ 호칭	40	42	44
신장	158	160	168
위가슴둘레	80	84	88
가슴둘레	84	88	94
엉덩이둘레	88	92	96
허리둘레	64	68	72
등길이	39.6	40.3	41
소매길이	57	58	59

4. 일본 성인여성의 치수(size)체계

일본의 의류치수 개정을 위해 일본 통산성 공업기술원 JIS(Japanese Industrial Standard)는 1994년 9월 인체측정을 실시하여 체형변화에 맞추어 의류 사이즈를 1997년에 개정하였다. ISO의 체형 드롭치수를 적용하여 A체형을 표준체형으로 A체형보다 엉덩이둘레 치수가 9cm가 큰 B체형을 추가하여 4가지 체형으로 분류하였다. A체형의 가슴둘레의 중앙값을 83cm, 엉덩이둘레 중앙값을 91cm로 신장의 정도에 따라 가슴둘레와 엉덩이둘레를 조합시켰다.

[표 2-11] 일본 성인여성의 체형 분류

체형 분류	분류의 기본 치수
A체형 (medium hip)	A체형(표준체형)은 신장을 142cm, 150cm, 158cm, 및 166cm로 분류하였고, 가슴둘레를 74~94cm까지의 간격치수를 3cm로 하여 92~104cm까지의 간격치수는 4cm로 분류하였다. 이와 같이 신장과 가슴둘레를 조합할 때 높은 분포에 해당하는 엉덩이둘레 소유의 체형이다.
Y체형 (small hip)	Y체형(small hip)은 엉덩이둘레가 A체형보다 4cm 작은 체형이다.
AB체형 (large hip)	AB체형(large hip)은 엉덩이둘레가 A체형보다 4cm 큰 체형이다.
B체형 (extra large hip)	B체형은 엉덩이둘레가 A체형보다 8cm 이상 아주 큰 체형이다

[표 2-12] 일본 성인여성의 치수체계

단위: cm

체형분류 및 호칭				기본부위의 신체치수 신장 가슴둘레	150	158	166
					엉덩이둘레		
	150	158	166				
A체형: 표준체형 (medium hip)	5AP	5AR	5AT	77	85	87	89
	7AP	7AR	7AT	80	87	89	91
	9AP	9AR	9AT	83	89	91	93
	11AP	11AR	11AT	86	91	93	95
	13AP	13AR	13AT	89	93	95	97
	15AP	15AR	15AT	92	95	97	99
AB체형 (large hip)	5ABP	5ABR	5ABT	77	89	91	93
	7ABP	7ABR	7ABT	80	91	93	95
	9ABP	9ABR	9ABT	83	93	95	97
	11ABP	11ABR	11ABT	86	95	97	99
	13ABP	13ABR	13ABT	89	97	99	101
	15ABP	15ABR	15ABT	92	99	101	103
Y체형 (small hip)	5YP	5YR	5YT	77	81	83	85
	7YP	7YR	7YT	80	83	85	87
	9YP	9YR	9YT	83	85	87	89
	11YP	11YR	11YT	86	87	89	91
	13YP	13YR	13YT	89	89	91	93
	15YP	15YR	15YT	90	91	93	95

5. 영국 성인여성복 치수(size)체계

영국의 성인여성복 치수체계는 IOS의 치수체계를 반영하여 규격치수 BS 3666과 1982를 제정하였다. BS의 여성복 사이즈는 상의와 하의를 포함하여 상반신용과 하반신용으로 구분되어 있으며, 겉옷의 상반신용 기본 치수부위는 가슴둘레, 엉덩이둘레, 신장이 되고, 하반신용의 기본 치수부위는 허리둘레, 엉덩이둘레, 슬랙스 길이로 규정하고 있다.

영국의 치수호칭은 가슴둘레와 엉덩이둘레의 범위를 표시하는 방법을 기본부위로 규정하고 있으나 대부분의 의류업체에서는 ISO 치수체계를 적용하여 신장을 3그룹으로 나누어 사용하고 있다. 간격치수로는 가슴둘레, 허리둘레, 엉덩이둘레를 각각 5cm로 적용하고 있으며, 평균 드롭값은 5인 것으로 조사되었다. 신장은 작은 신장(160cm 이하)의 사이즈코드 뒷면에 S자와 큰 신장(170cm 이상)의 사이즈 뒷면에 T를 표기하고 있다.

영국의 성인여성복 치수규격 BS 3666에서는 그에 따른 가슴둘레와 엉덩이둘레의 범위와 호칭을 다음 표와 같이 규정하고 있다.

[표 2-13] 영국 성인여성복 치수체계

단위: cm

치수범위＼호칭	8	10	12	14
가슴둘레의 치수범위	78~82	82~86	86~90	90~94
엉덩이둘레의 치수범위	83~87	87~91	91~95	95~99

6. 프랑스 성인여성복 치수(size)체계

(NFG 03-002, 1979)의 프랑스 성인여성복의 치수체계는 엉덩이둘레를 기준으로 하여 드롭값에 따라 큰 F체형(드롭평균치 10cm)과 표준 N체형(드롭평균치 4cm), 작은 M체형(드롭평균치 2cm)으로 3유형의 체형으로 구분하며, 신장을 작은 키(152cm), 보통 키(160cm), 큰 키(168cm)로 분류하고 있다. 프랑스 여성의 표준체형 N형은 드롭값이 4cm로 ISO와 독일, 일본 성인여성의 엉덩이둘레보다 크기가 작게 나타나고 있다.

[표 2-14] 프랑스 성인여성복 치수체계

단위: cm

신체치수		체형분류＼호칭	F 체형				N 체형			
							34N	36N	38N	40N
기본부위의 신체치수	신장	가슴둘레	80	84	88	92	80	84	88	92
	160	엉덩이둘레	90	94	98	102	84	88	92	96
	160		90	94	98	102	84	88	92	96
	160		90	94	98	102	84	88	92	96

여 성 복　 패 턴 메 이 킹

PATTERNMAKING
FOR WOMEN'S
CLOTHES

의복의 생산

의복의 생산

의복의 생산.

의복의 생산방식은 섬유시장의 환경변화에 따라 산업체의 경쟁력을 유지하기 위한 경영방식으로 전환하고 있다. 대체적으로 의류산업체들은 컴퓨터와 관련한 정보기술을 도입하여 생산성을 기준으로 연구 개발하여 생산에서 소비까지 전 분야에 걸쳐 정보기술과 연계하여 의류산업에 대변혁을 가져왔다. 이제는 시대변화에 따라 대량생산의 한계성을 맞이하게 되었고 다품종 소량생산 체제의 확립으로 변화를 가져오고 있으며 기업마다 특성화 사업을 전개하고 있다.

생산방식에 컴퓨터를 접목함으로써 디자인(design)공정, 패턴제작(pattern making), 그레이딩(grading), 마킹(marking), 재단(cutting), 봉제(sewing) 및 프레싱(pressing)공정과정에서 공정시간이 많이 단축될 뿐만 아니라 제품의 기획에서 경영까지 통합관리가 가능하게 되었다. 대량생산 과정은 기업의 규모나 제품에 따라 차이를 보이지만 일반적으로 제품의 제조과정은 다음과 같다.

01 의복의 소량생산(주문복)

소량생산(주문복)에서 개별제작은 착용자(개인)의 착용목적에 부합하는 디자인, 소재, 착용자의 개성과 가치관에 따른 욕구를 충분히 충족시키는 것을 목표로 한다.

[표 3-1] 상품개발의 프로세스(Process) : 소량생산

디자인 · 소재 결정	착용자의 착용목적에 따라 아이템을 설정하고, 아이템에 적합한 디자인 소재를 선택하여 요구사항을 충분히 고려한 후 의복을 설계한다.
인체측정 · 제도설계	착용자의 체형 특성을 고려하여 인체를 측정한 후 패턴설계 시 이를 참고 · 적용하여 체형에 적합한 설계가 되도록 제작한다.
패턴제작(평면 · 입체)	디자인을 근거하여 평면설계, 입체설계 또는 평면과 입체설계를 병용하여 패턴을 제작한다.
옷감(원단검단 · 재단)	옷감을 재단할 때는 옷감을 충분히 점검한 후에 재단하여 옷의 변형이나 오작이 되지 않도록 주의한다.
시착 · 가봉	시착과 가봉은 의복이 체형과 디자인에 적합하도록 실루엣이 정돈되어 있는지 시험제작하여 피팅 후 치수와 디자인을 확인하여 적합하도록 보정하기 위한 작업이다.
가봉 · 보정	가봉은 의복이 체형과 디자인에 적합하도록 실루엣이 정돈되어 있는지 피팅 후 치수와 디자인을 확인하여 최초의 디자인과 치수의 적합성에 맞추어 보정하기 위한 작업이다.
보정 · 부자재 준비	가봉과 보정을 마무리하고 해당 제품의 안감과 심지 및 필요한 부속품을 준비한다.
본봉	본봉제는 소재와 디자인에 따라 각각의 특징을 잘 이해하여 제작하도록 한다.
중간가봉	본봉제 과정 중에 소재의 특성에 의해 디자인의 상이 치수의 정확도를 재점검하는 과정이므로 반드시 거쳐야 하는 과정은 아니다.
완성 · 착장점검	마무리 작업이 다 끝난 후에 착용자에게 완성된 의복을 착장시킨 후 디자인과 치수가 올바르게 완성되었는지 확인한다.

02 의복의 대량생산(기성복)

불특정 다수를 대상으로 대량생산되는 기성복은 많은 사람들의 공감을 얻을 수 있는 패션성과 적합성이 요구되며 불특정 다수의 사람을 대상으로 하므로 같은 사이즈의 사람이면 누구나 착용이 가능하다. 대량생산(기성복)은 개인의 체형 특성을 고려하지 않고 체형 중에서 표준이 되는 치수를 근거하여 기본패턴을 제작하고 대량으로 제품을 생산 제작하게 된다.

[표 3-2] 상품개발의 프로세스(Process) : 대량생산

상품 기획	
정보 수집 및 정보 분석	마케팅 환경과 시장정보, 소비자정보, 패션정보, 지난 시즌 판매실적정보
표적(target) 시장정보	시장세분화, 시장표적(target)화, 시장 포지셔닝
디자인(design) 개발	디자인 콘셉트 설정, 코디네이트 기획
소재기획	소재기획, 색채기획
샘플(sample)제작	원(부자재)자재 선택, 샘플제작의뢰사양서 작성
상품구성기획	상품구성기획, 생산예산기획, 타임스케줄 설정
브랜드(brand) 설정	브랜드(brand) 설정, 방향 설정
마케팅기획 설정	브랜드이미지 설정, 브랜드 시즌과 콘셉트 설정, 4P's 전략

제품 생산 기획	
예산계획	판매예산, 생산예산, 비용예산, 수익예산
품평 및 수주	디자인, 사이즈, 수량, 납기일정 결정, 샘플패턴 수정
생산의뢰계획	공장운영계획(생산수량계획), 작업지시서(재단, 심지부착, 봉제수량계획, 검품계획)
원·부자재 발주, 입고	원(부)자재 입고, 검품, 수량 확인
양산용 샘플제작 확인	디자인 확인, 소재(컬러) 확인, 사이즈 확인

제품 제조 기획	
생산의뢰서 접수	디자인 확인, 패턴 확인, 그레이딩 확인, 봉제 확인, 출고시기 확인
대량생산용 샘플 제작	디자인 확인, 소재의 물성 확인, 소요량 확인, 작업공정과 방법 제시
생산용 패턴 제작	패턴수정 및 보완, 그레이딩, 패턴(마스터) 제작
그레이딩, 마킹	사이즈와 수량을 확인한 후 디자인의 실루엣을 유지하면서 마스터패턴을 기준으로 편차에 따라 확대, 축소하여 다양한 사이즈의 패턴 제작
재단	원(부자재)검사, 연단, 마킹, 재단, 작업순서 번호작업, 심지작업, 정밀재단
봉제	공정분석, 공정편성, 레이아웃, 부품제작, 몸판 조립
중간검사	디자인 적합도, 소재의 적합성, 봉제 완성도, 제품 완성도
완성	제사처리, 단추 구멍제작, 아이론 프레스작업, 단추달기
최종검사	디자인, 소재, 봉제 완성도, 제품 완성도 확인
포장	제품의 오염방지와 상품가치를 위한 포장
출하	출하 및 제품의 잔량 확인

1. 상품기획(Merchandising)

제품 생산을 위한 상품기획은 소비자가 필요로 하는 제품을 예측하여 상품으로 구현하는 활동이며, 구현된 제품을 합리적인 가격으로 적절한 시기와 장소에 적합한 물량을 공급함으로써 소비자의 욕구를 충족하고 구매동기를 유발할 수 있도록 계획하고 실행하는 것을 상품기획 또는 머천다이징(Merchandising) 활동이라 한다.

2. 샘플(Sample)제작

오늘날 컴퓨터의 발달로 의류산업에서는 제품생산개발은 물론, 3차원 기술도입과 IT기술 및 정보통신을 접목한 디지털 기술이 일반화되고 있다.

작업의뢰서

스타일/차수	7310504	04		스타일명	NEPA	브랜드구분	NP			출장여부	결재상태			담당	개발	기획			디자이너	개발팀장	서상무장	본부장	사장
샘플번호				품목	WOVEN	아이템	방수자켓	순번	001			혼료											
디자이너	MOUNTAINEERING			재/상품구분	상품	재종타입	정상	재종구분			생산년도	2019년		시즌			봄					
	베이나			소매가	299000	인세가	299000	작업구분	외사임		사이즈타입	SA		성별			남자					
작업의뢰일	20170727			자진확청일		QC임고일					소재명	FPCINTEXX065PU 2.5 COLOR		품용용			N100					
											원부자재구분	(주)포로하트크르페레이인 원신지					ID					
												20190131		전개시기			20190214					

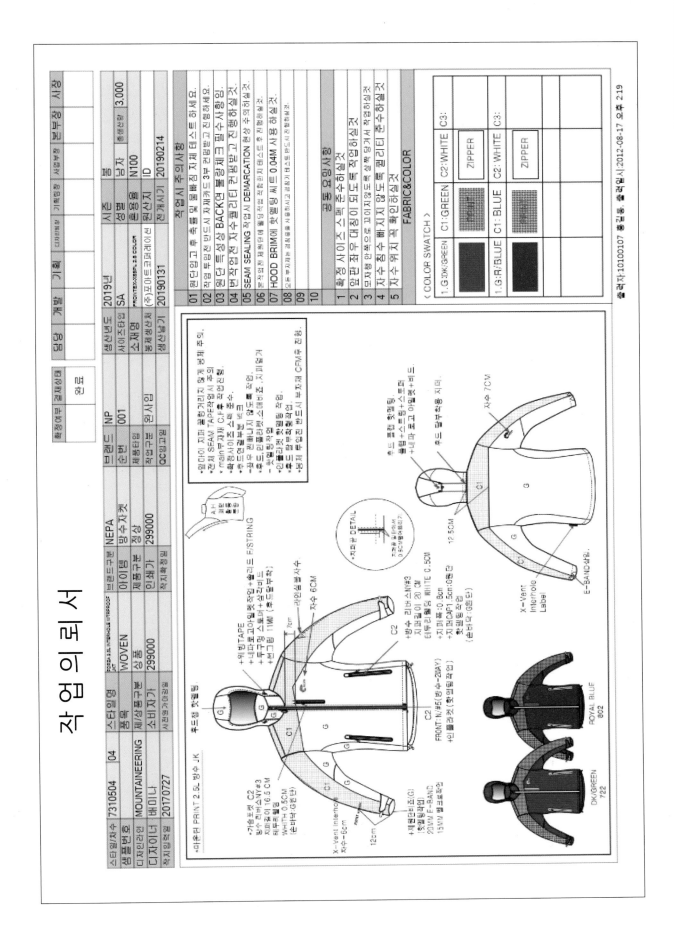

작업시 주의사항

01 원단임고 후 축률 및 물빠짐 지체 테스트 하세요.
02 작업투입전 반드시 자재까도 3부 컨펌받고 진행하세요.
03 원단 특성상 BACK면 통향제크 필수 사용요.
04 부자재분견 자수퀄리티 컨넘받고 진행하실것.
05 SEAM SEALING 작업시 DEMARCATION 현상 수의하실것.
06 물자료제봉후 열처님 씨 작업후지 테스트 후 진행하실것.
07 HOOD BRIM에 핫멜링 씨드 0.04M 사용 하실것.
08 아트투자원진봉 사용권시교 결류가 제스트 반드시 진행하실것.
09
10

공통 요망사항

1 확정 사이즈 스펙 준수하실것
2 앞판 좌우 대칭이 되도록 작업하실것
3 모자챙 안쪽으로 꼬이지않도록 실제봉당거서 작업하실것
4 자수청수배 지지 않도록 쿼리티 준수하실것
5 자수위치 꼭 확인하실것

FABRIC&COLOR

< COLOR SWATCH >

	C1:GREEN	C2:WHITE	C3:
1.G:DK/GREEN			ZIPPER
	C1: BLUE	C2: WHITE	C3:
1.G:R/BLUE			ZIPPER

출력자:10100107 홍길동. 출력현시:2012-08-17 오후 2:19

따라서 샘플제작과정에서도 실제로 존재하지 않는 가상공간의 CLO 3D의 3차원 가상착의 시스템을 도입하여 업무를 진행하고 있다. 시뮬레이션 작업으로 물체나 물리적인 상태가 실제로 존재하는 것처럼 구성하여 샘플제작업무의 특성을 파악하여 실제상황과 같이 가상착의로 해결하고 있다.

가상착의는 컴퓨터의 가상공간에서 디자인한 의류제품을 선차적으로 정확히 분석한 후 실물 제작을 하기 때문에 복잡한 업무 과정에서 발생할 수 있는 오류(시행착오)를 줄여주고 시간을 단축시킬 수 있는 특징을 가지고 있다. 따라서, 이는 생산비용을 대폭 절감할 수 있는 효율적인 작업이 진행될 수 있도록 한다.

따라서, 제품이 대량생산으로 들어가기 전 적합한 제품 생산을 하기 위한 시험제작인 샘플제작은 디자인을 스케치한 계획서를 샘플로 완성되기까지의 과정을 의미하며, 디자이너는 샘플제작 전 과정에 대하여 책임을 지고 참여하게 되므로 패턴제작과 봉제 등 제조에 관한 전 과정을 이해하고 기술을 습득해야 한다.

그리고 디자이너는 각 제작자들이 제작의뢰서를 보고 원활하게 제작할 수 있도록 제조의 전 과정(재단과 봉제, 부자재목록 등)의 전달사항을 상세하고 정확하게 기록해야 한다.

3. 샘플(sample)제작의 프로세스(Process) 및 품평회

❶ 디자이너는 디자인 스케치와 샘플제작을 위한 내용이 기록된 생산의뢰서를 정확하고 상세하게 작성하여 생산파트로 넘긴다.

❷ 생산부서에서는 샘플제작의뢰서에 적합한 샘플 패턴(Sample pattern)을 제작한다.(패턴 CAD 사용 병행)

  • 패턴제작방법 : Flat pattern(평면), Draping(입체재단), Rob off(판매 상품에서 패턴 산출), Measurement(주문판매를 위해 인체의 세부사항을 반영한 패턴제작)

❸ 컴퓨터로 제작된 패턴을 3차원 가상착의 시스템으로 이용 제작된 인대에 가상착의한 후 생산의뢰서와 적합하도록 제작한다(가상착의는 실시간 반복수정이 가능하여 효율적인 시간단축이 용이하다).

❹ 샘플제작실에서는 완성된 제품의 완성도를 확인한다.

❺ 기획, 생산, 영업, 판매의 관련자들과 품평회를 통해 상품성이 있는 샘플을 선정한다.

❻ 선정된 샘플이 대량생산으로 결정되면 양산을 위한 생산에 투입된다.

4. 제품생산과정 : 대량생산

상품기획안에 의한 제품(Sample)이 생산되고 품평회에서 스타일(제품)이 결정되면 다음과 같은 과정을 거쳐서 대량생산이 이루어진다.

(1) 대량생산 결정

상품기획안에 의해 제품(Sample)이 생산되면 품평회를 거쳐 적합한 스타일(제품)을 결정하고 결정된 제품스타일로 대량생산을 결정하게 된다.

(2) 산업용 패턴제작(Industrial production pattern)

제품의 대량생산이 결정되면 패터너(production pattern maker)는 봉제 방법을 분석하고 산업용 패턴으로 제작한다. 소재이용을 최적화하여 소재에 의해 봉제공정 중에 발생될 문제점을 보완하고 의복의 디자인과 형태를 유지하면서 최소량으로 경제적인 대량생산이 될 수 있는 방법을 선택한다. 불필요한 디테일은 제거하고 원·부자재의 낭비를 줄이면서 최적의 패턴으로 합리적인 디자인이 되도록 컴퓨터를 활용하여 신속성과 정확성을 향상시킨다. (패턴에는 스타일넘버, 제작연도, 사이즈와 수량, 식서방향 등을 표기해야 하며, 겉감패턴, 안감패턴, 심지패턴을 각각 표기해야 한다.)

(3) 그레이딩(Grading)

제품이 대량생산인 경우 불특정다수의 착용자를 타깃(Target)으로 하는 제품이므로 소비자의 신체특성을 고려하여 적합한 상품이 공급되도록 동일한 디자인으로 여러 사이즈를 생산하게

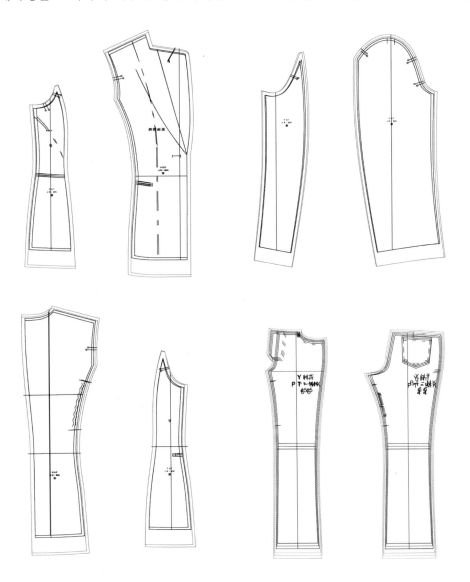

된다. 최초의 디자인과 실루엣을 유지하면서 마스터패턴(master pattern)을 기준으로 치수의 편차에 의해 확대, 축소하여 다양한 사이즈의 패턴을 제작해야 한다. 마스터패턴의 정확성은 그레이딩 된 모든 패턴에 영향을 미치게 되므로 정밀하고 오차가 없는 정확성으로 제작되어야 한다. 일반적으로 그레이딩은 신체 기본치수를 상의는 가슴둘레, 하의는 허리둘레와 엉덩이둘레를 기준으로 한다. 그러나 인체는 가슴둘레 또는 허리둘레나 엉덩이둘레에 의해 일률적인 비례로 변화하지 않으므로 부적합한 부위가 발생하게 된다. 그러므로 그레이딩은 체형별 사이즈를 고려하여 체형에 적합한 그레이딩 편차가 설정되도록 해야 한다.

(4) 마킹(Marking)

원·부자재 사용비율에 따라 원가절감에 미치는 영향이 매우 크므로 효율적인 마킹작업은 패턴들이 원단 위에 가장 효과적으로 원가절감을 위한 배치방법이다. 일반적으로 원단로스를 최소화하도록 큰 패턴을 먼저 배열하고 작은 패턴들을 끼워 넣는 방법으로 하면서 원단의 올 방향을 맞추는 주의를 요한다. 때로는 원단효율을 높이거나 디자인에 따라 변형 배치를 하나, 자칫 제품의 완성치수나 솔기에 영향을 미쳐 옷이 틀어지거나 품질을 떨어뜨리는 요인으로 작용하게 된다.

특히 결이 있는 원단이나 방향성이 있는 체크무늬, 꽃무늬, 기모직물, 광택이 있는 직물 등의 패턴마킹에는 신중하게, 한쪽 방향의 배열로 각별한 주의를 요하게 된다. 또한 패턴몰인 원단들은 무늬를 좌우대칭의 균형이 이루도록 하는 주의와 안목이 필요하다.

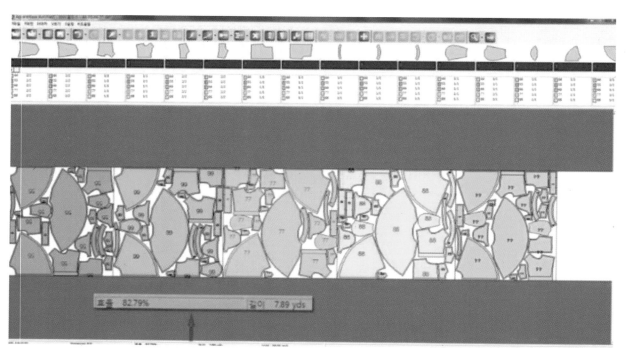

(5) 원 · 부자재 입고

원자재(원단)과 부자재(안감, 심지, 테이프, 지퍼, 단추 등) 머천다이저(상품기획 담당자)가 원단을 발주하고 부자재관계는 패턴 메이커에 의해 봉제 작업지시서에 기재된 것을 생산담당자(임가공비 견적 및 결정자, 납기 관리자)가 부자재업체에 발주한다.

- 소재(원단)선정의 조건 : 치수 안전성, 연단성, 재단성, 봉제성, 다림질성을 고려한다.
- 부자재(안감, 심지)선정의 조건 : 겉감과의 조화, 실루엣의 손상 여부, 원자재(겉감)의 결점을 보완, 심지는 겉감에의 접착력, 겉감에 접착수지의 노출 등을 점검한다.

(6) 검단(원단) 및 방축

- 원사검사 : 적합한 원 · 부자재를 선택하는 것은 품질 좋은 제품의 합리적이고 능률적인 생산을 위한 필수요건이며, 원자재의 품질 검사는 제품불량을 사전에 방지하고 좋은 제품 생산을 위한 중요한 요소 중의 하나이다.

  원단은 짜임새, 뒤틀림, 길이, 너비, 색, 무늬, 질감, 염색 상태 등 원단제직 시 생긴 흠결, 오염 등 검단기를 거치면서 확인하는 작업이 필요하다. 또한 간과하기 쉬운 소재(원 · 부자재)의 수축률은 중요한 검사항목으로 인식되고 있다.

- 방축 : 원단은 제직할 때 장력을 받게 되므로 원단을 풀어서 원단에 가해진 불필요한 장력을 제거하고 자연스런 상태로 만든다.

  특히 모 섬유는 습도와 흡수성이 높아 치수안전성에 노출되어 있으므로 수축되거나 늘어나 있는 섬유를 치수안전성을 부여하기 위해 축융처리가 이루어지고 있다. 이를 스펀징(Sponging)가공이라 하며, 때로는 합성섬유의 경우에도 이 공정을 거친 후에 봉제성을 높이기도 한다.

Reference

스펀징(Sponging) 머신 : 고온의 증기를 이용하거나 액체질소로 급냉각하여 고온 속을 통과시키는 방법으로 수축시키는 가공방법

(7) 컴퓨터를 이용한 연단과 재단 과정

❶ 연단(Spreading)

연단은 동시에 많은 양의 제품을 재단하기 위해 원단을 적당하고 일정한 길이로 끊어서 직물을 여러 겹으로 겹치는 작업을 말한다.

연단의 길이는 일반적으로 마킹에 의한 요척 길이보다 약 2~4cm 길이를 더하여 설정하며, 우분의 직물연단은 한방향(일방향)연단, 왕복(양방향)연단, 표면대향(맞보기)연단 등과 편성물연단에는 환편기(원형)연단, 횡편기(횡방향)연단 원단의 특성에 따라 연단방향을 선택한다.

• 한(일)방향 : 광택이 있는 직물, 상하 구별이 되는 패턴직물 또는 빛의 방향에 따라 색상이 달라 보이는 기모직물 등은 한쪽 방향으로 연단해야 한다.

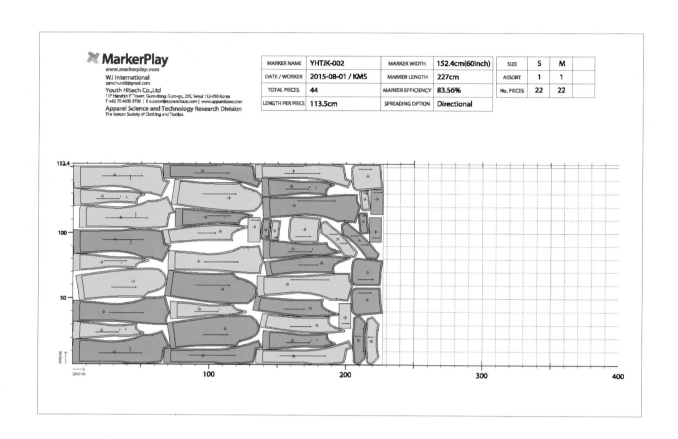

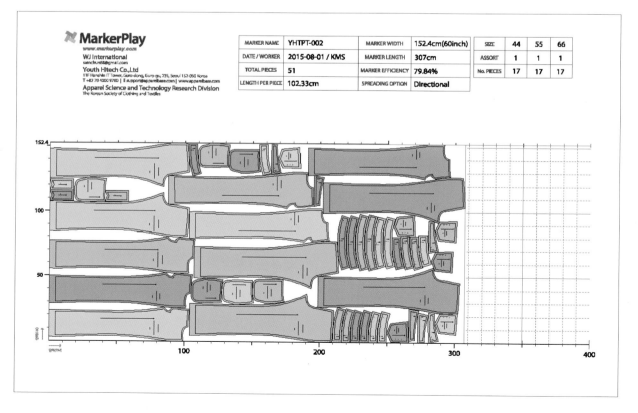

- 양(왕복)방향 : 양방향연단은 무늬가 없는 평직물의 원단에 주로 사용되며 연단효율성과 경제성이 가장 높은 것이 장점이므로 왕복연단 방법은 중저가 원단 연단에 사용되는 연단 방법 중 하나이다.

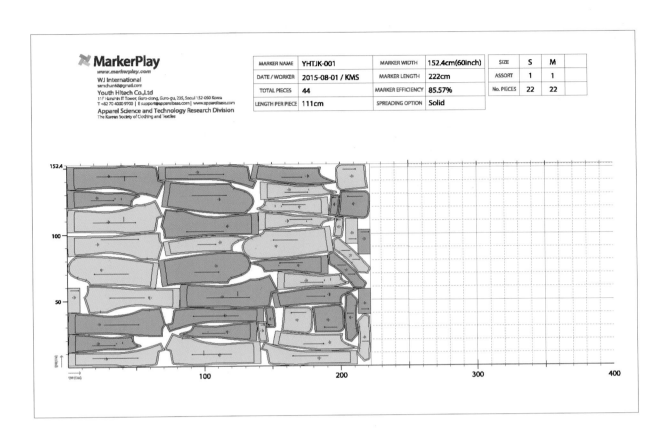

MARKER NAME	YHTJK-001	MARKER WIDTH	152.4cm(60inch)	SIZE	S	M	
DATE / WORKER	2015-08-01 / KMS	MARKER LENGTH	222cm	ASSORT	1	1	
TOTAL PIECES	44	MARKER EFFICIENCY	85.57%	No. PIECES	22	22	
LENGTH PER PIECE	111cm	SPREADING OPTION	Solid				

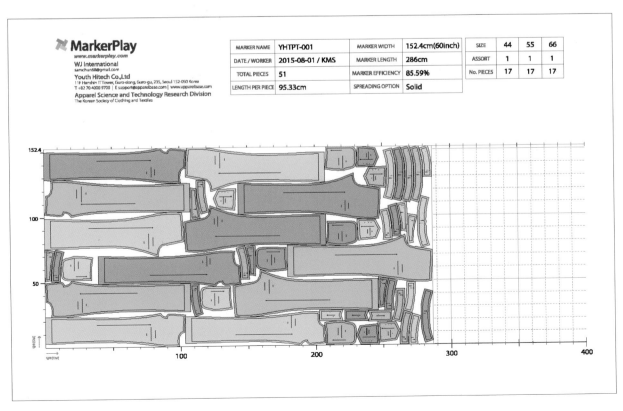

MARKER NAME	YHTPT-001	MARKER WIDTH	152.4cm(60inch)	SIZE	44	55	66
DATE / WORKER	2015-08-01 / KMS	MARKER LENGTH	286cm	ASSORT	1	1	1
TOTAL PIECES	51	MARKER EFFICIENCY	85.59%	No. PIECES	17	17	17
LENGTH PER PIECE	95.33cm	SPREADING OPTION	Solid				

- 맞대응연단 : 맞대응연단은 시간적인 효율이 가장 낮고 난이도가 높은 연단방법으로 특수한 문양이나 기모가 긴 직물에는 맞대응연단이 적합하다. 직물을 연단할 때 무리한 장력을 주지 않아야 하며, 신축성이 있는 직물은 연단 후 일정시간 동안 방축하는 것이 바람직하다. 연단할 때 직물의 올 방향이 고르고 주름이 가지 않게 배열해야 한다.

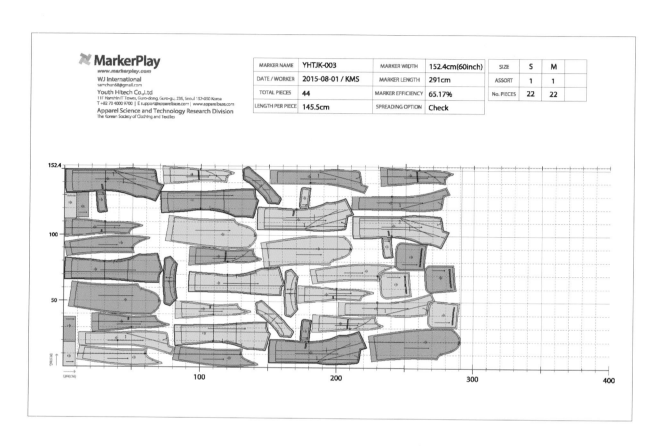

MARKER NAME	YHTJK-003	MARKER WIDTH	152.4cm(60inch)	SIZE	S	M	
DATE / WORKER	2015-08-01 / KMS	MARKER LENGTH	291cm	ASSORT	1	1	
TOTAL PIECES	44	MARKER EFFICIENCY	65.17%	No. PIECES	22	22	
LENGTH PER PIECE	145.5cm	SPREADING OPTION	Check				

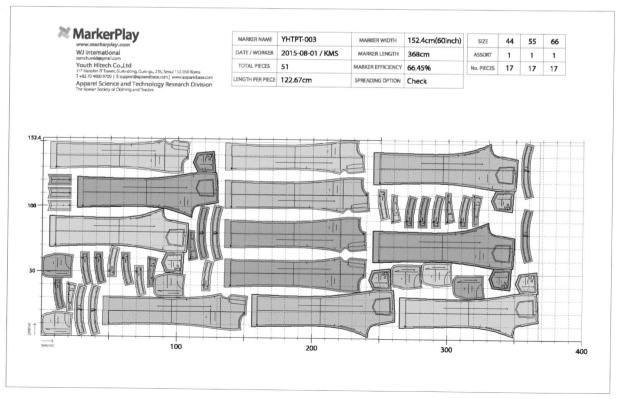

MARKER NAME	YHTPT-003	MARKER WIDTH	152.4cm(60inch)	SIZE	44	55	66
DATE / WORKER	2015-08-01 / KMS	MARKER LENGTH	368cm	ASSORT	1	1	1
TOTAL PIECES	51	MARKER EFFICIENCY	66.45%	No. PIECES	17	17	17
LENGTH PER PIECE	122.67cm	SPREADING OPTION	Check				

- 직물의 폭이 다른 연단에서는 좁은 폭이 위에 놓이게 연단하며, 연단도중 원단을 이어야 할 경우 패턴이 충분히 놓일 수 있도록 원단을 겹쳐 연단한다.

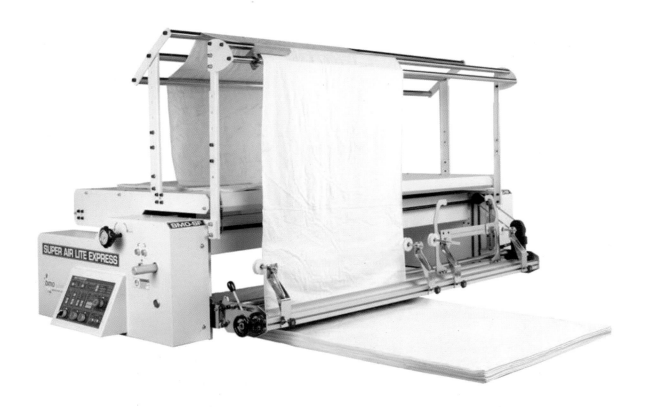

〈컴퓨터를 이용하는 연단〉

❷ 재단(Cutting)

재단작업대 위에 적당량의 연단된 원단 맨 위에 마커지를 고정시킨 후에 재단기를 사용하여 정확하게 재단 작업을 한다. 각종 전동재단기(Straight knife, Band knife, Round knife, Hot notcher, Hot drill 등)와 Water jet, Laser 등을 컴퓨터로 연결시켜 자동기기로 패턴 제작과 재단이 이루어지기도 한다.

재단에서 연단의 두께로 인하여 불량이 발생하기 쉬운 상층부와 하층부의 Cutting, 너치, 드릴, 구멍뚫기 등의 작업에서 치수차이가 발생할 수 있으므로 주의 깊은 정밀도가 요구된다.

- 번들작업 : 재단된 각 피스에 패턴과 비교, 확인하여 번호를 달아 놓는다. 번들작업은 생산일정에 맞추어 로트별, 사이즈별, 색상별로 재단된 각 피스별 차례로 번호를 달고 봉제공정에 따라 묶거나 상자에 담아 조합작업이 정체되지 않도록 준비해 두는 작업을 말한다.

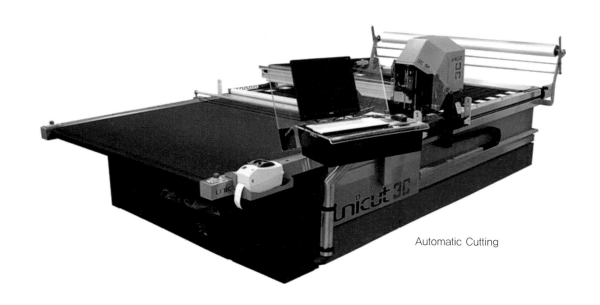

Automatic Cutting

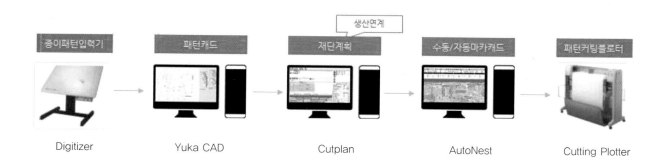

생산연계

| 종이패턴입력기 | 패턴캐드 | 재단계획 | 수동/자동마카캐드 | 패턴커팅플로터 |

Digitizer   Yuka CAD   Cutplan   AutoNest   Cutting Plotter

YUKA CAD   CutPlan   AutoNest

자동재단기

UNICUT CAM Series

자동연단기

ApparelJet   ApparelJet

Spreading

Auto Cutting

Laser Cutting

여성복 패턴메이킹

PATTERNMAKING
FOR WOMEN'S
CLOTHES

재단용구
& 패턴제작

재단용구
& 패턴제작

재단용구.

좋은 의복을 제작하기 위해 사용목적에 따라 적합한 용구를 적절하게 사용하는 것은 보다 효율적인 작업이 이루어질 수 있는 중요한 요소가 된다.

사용목적에 따라 측정용구, 표시용구, 봉제용구, 끝손질용구 등 필요한 용구에 대해서 설명하기로 한다.

01 의복제작을 위한 측정 및 제도용구

용구의 형태	용구의 명칭	용구의 용도
	직선자 (straight measure)	길이는 50~100cm이고 직선을 그리거나, 직선길이를 측정할 때 사용한다.
	각자 (tailor's square measure)	90°의 각을 이룬 직각자로서 직선을 그리거나 직각선을 그릴 때 사용한다.
	곡선자 (curved measure)	제도설계 시 옆 솔기선 및 허리선 등 완만한 곡선을 그리거나 측정할 때 사용하며 곡선을 다양하게 변형하면서 사용할 수 있다.
	줄자 (measuring tape)	길이는 150cm이고 비닐이나 쇠로 만들어져 있으며, 인체측정과 곡선이나 직선의 길이를 측정할 때 사용한다.
	방안자 (grading measure)	길이 50~60cm의 투명한 직선자로 0.5cm 간격의 방안 눈금으로 제작되어 있다. 그레이딩이나 일정한 시접선을 그릴 때 사용한다.
	축도자 (scale)	노트정리 시에 주로 사용되며, 1/4 또는 1/5로 축소제도에 사용된다. 각자, 곡자, 커브자 등을 축소하여 제작된 다양한 축도자이다.

	프렌치 커브자 (french curve measure)	목둘레선이나 진동둘레선을 그리거나 측정할 때 사용한다.
	자동펀치 (puncher)	단추위치나 다트끝점, 주머니위치 등을 표시하거나 패턴행거용 고리를 끼울 때 사용한다.
	연필 (pencil)	패턴제도설계 시에는 2B, 4B등 연필을 주로 사용하며, 기준선은 연하게 표시하고, 완성선은 진하게 표시한다.
	제도용지 (patternmaking paper)	기초 패턴을 설계할 때 사용하는 용지이므로 너무 두껍거나 찢어지는 것은 적합하지 않다.
170g~300g까지 다양한 두께가 있다.	패턴용지 (hard paper, tag paper)	마스터패턴으로 보관하거나 그레이딩 패턴, 공업용 패턴으로 다양한 두께의 용지를 사용한다.
	머슬린 (muslin)	면직물(광목)로 제직된 직물로 드레이핑이나 특수직물 대신 조형물을 확인하고자 할 때 사용한다.
	헴마커 (hem marker)	의복의 밑단을 수평으로 고르게 정리하고자 할 때, 단이 늘어질 때 밑단을 일정하게 수평으로 표시할 때 사용한다.

02 의복제작을 위한 재단용구

용구의 형태	용구의 명칭	용구의 용도
	가위 (dressmaker's shears)	제도용지를 자르는 가위와 원단을 자르는 전용가위로 22~30cm까지 다양하게 사용된다.
	핑킹가위 (pinking shears)	올이 잘 풀리지 않는 직물의 시접처리나 디테일한 선을 나타낼 때 사용된다.
	트레이싱페이퍼 (tracing paper)	초크 분말을 사용하여 제작된 카본페이퍼로 다양한 색상이 있으며, 패턴을 머슬린 또는 원단 안감에 옮겨 그릴 때 주로 사용된다.
	룰렛 (tracing wheel)	모형대로 만들어진 패턴을 다른 종이나 직물에 옮길 때 사용되나 룰렛의 날카로운 톱니사용에 주의를 요한다.
	송곳 (awl)	겉감의 제도선을 안감에 옮기거나 다트끝점과 포켓위치 표시 등에 사용된다.

	초크 (tailor's chalk)	직물에 패턴을 옮겨 그릴 때 사용되며, 정확한 치수유지를 위해 주의를 요한다. 다양한 종류가 있으며 분필 성분과 왁스 성분으로 열이나 세탁에 의해 제거된다.
	문진 (누름쇠)	옷감이나 종이의 움직임을 방지하기 위해 위에서 눌러줄 때 사용된다.
	핀 (dressmaker's pin)	옷감이나 종이 등이 움직이지 않도록 고정시킬 때 주로 사용된다.
	압정 (push pin)	얇거나 흔들림이 심한 옷감을 재단대 위에서 고정시키거나 패턴을 회전시킬 때 사용된다.
	롤러 커터 (roller cutter)	얇은 직물의 움직임이 심해 가위로 커팅이 용이하지 않을 때 주로 사용한다.

03 패턴(Pattern)

의복의 패턴(Pattern)은 건물의 설계도면과 비교할 수 있으며, 의복의 구성은 건축물의 건설공사와 같다고 할 수 있다.

제도설계 자체가 잘못된 의복은 온전한 형태를 가질 수 없으며, 겉모양이 좋다 할지라도 기능성이 높은 의복이 될 수 없다. 그러므로 좋은 패턴을 제작하기 위해서는 인체의 구조 및 활동에 따른 변화를 이해하며 소재 및 재단, 봉제방법 등에 따른 상호관계를 이해하고 경제성과 인체의 특성을 고려한 종합적인 분석이 요구된다. 본서는 효율적인 제작방법의 평면패턴설계로 인체의 구조와 활동에 따른 변화를 패턴 설계 및 제작에 적용하는 방법을 익히도록 구성되었다.

1. 패턴의 종류

의복이 어떤 모양으로 제작되었는가에 따라 평면구성형 의복과 입체구성형 의복으로 분류된다. 평면구성형 의복은 한복, 기모노, 판초, 인도의 사리 등이 있으며 대부분의 서양복은 입체구성형 의복에 속한다. 평면구성형 의복은 대부분 제작방법이 쉽고 간단하지만 입체구성형 의복인 서양복은 제작방법이나 과정, 대상 부위에 따라 매우 복잡하고 다양한 명칭으로 구분된다.

(1) 패턴의 제작방법에 따른 분류

❶ 입체재단(Draping)

입체재단은 인체 또는 인체모양의 드레스폼(인대)에 직접 옷감을 걸쳐가며 핀으로 고정한 다음 완성선대로 표시한 후 인대(보디)에서 떼어 내어 선대로 재단한다. 이때 재단된 옷감이 패턴(Draping Pattern)이 된다. 이를 마스터패턴지에 옮겨서 사용하고 관리하기에 편리하도록 제작도록 한다.

❷ 평면재단(Drafting)

평면재단은 기본원형을 제도지에 제도설계한 후 이를 활용하는 것이며, 원하는 디자인을 적용하고 제도설계하여 평면패턴(Flat Pattern)을 만들고 이 패턴을 옷감 위에 배치한 후 재단한 것을 봉제하여 입체화시키는 방법이다.

(2) 측정항목 수에 따른 분류

평면패턴은 인체로부터 측정한 치수를 어떻게 어느 만큼 사용하는가에 따라 단촌식 패턴, 장촌식 패턴 및 병용식 패턴으로 나누어 구분된다.

❶ 단촌식 패턴

단촌식 패턴은 인체의 여러 부위를 세밀하게 측정하여 제도하는 방법으로 각자의 체형 특징에 맞는 원형을 얻을 수 있으나 제도의 방법이 복잡하다. 측정오차로 인해 정확하지 못한 패턴을 설계할 가능성이 있으므로 인체 측정 기술의 숙련이 요구되며 초보자가 사용하기에는 적합하지 않으며 숙련된 기술이 요구된다.

❷ 장촌식 패턴

장촌식 패턴은 인체부위의 기준이 되는 주요 부위만을 측정하고 제도설계에 필요한 다른 부위는 기준치수로부터 산출해 내는 방법이다. 가장 대표가 되는 부위만 측정하므로 측정의 오차가 적어 비교적 쉽고 정확하여 균형 있는 원형을 초보자도 쉽게 제도설계할 수 있다. 그러나 이 패턴 제작은 통계분석을 통해 타 부위를 추정하는 방식이므로 개개인의 체형 특징에 맞추기 위한 보정과정을 반드시 거쳐야 체형에 적합한 패턴을 설계할 수 있다.

❸ 병용식 패턴

병용식 패턴은 위의 두 패턴 제작방법의 문제점을 보완한 패턴으로 장촌식 패턴에 개인의 차가 많은 부위(어깨너비, 유두길이, 유두간격, 앞품, 뒤품 등) 몇 개의 측정 치수를 더하여 제도설계하는 패턴이다. 제도 방법이 쉬우면서도 개인의 체형 특징을 반영한 설계방법이므로 체형에 적합한 패턴을 구축할 수 있다.

(3) 패턴의 용도에 따른 분류

패턴은 용도에 따라 제작되어야 하며 용도에 따라 적합한 명칭을 사용하여 설계하고 패턴을 제작하여야 한다.

❶ 패턴의 원형(Basic Pattern, Basic Sloper)

패턴의 원형은 의복의 다양한 디자인에 적용하기 쉽고 응용할 수 있도록 가장 기본적이고 단순하게 제작된 패턴(Pattern)이다. 원형은 인체치수에 최소한의 여유량으로 생리현상과 기본적인 동작에 의해 필요한 여유분만을 포함하여 제작된다.

❷ 여성복(의복)의 기본 원형

기본 원형패턴의 종류는 길(Bodice)원형, 소매(Sleeve)원형, 스커트(Skirt)의 원형(앞, 뒤), 슬랙스(Slacks)의 원형(앞, 뒤)으로 구성되어 있다.

❸ 기초 패턴(Basic Pattern)

기초 패턴은 디자인(Design)에 적합한 응용과 전개를 할 수 있도록 제작된 패턴으로 주로 원형을 사용하며 디자인에 따라 응용, 전개할 수 있는 패턴을 의미한다.

❹ 산업(공업)용 패턴(Industrial Pattern)

산업용 패턴은 물량(제품)을 대량으로 생산하기 위해 제작된 패턴이며, 일반적인 패턴은 왼쪽 또는 오른쪽 한쪽만 제도설계를 하지만 산업(공업)용 패턴은 양측 모두 펼친 상태를 제도하여, 원자재(겉감)뿐만 아니라 부자재(안감 심지, 안단 등)의 패턴도 함께 제작한다.

❺ 최종(완성) 패턴(Final(Master) Pattern)

최종(완성) 패턴은 마스터패턴이라고도 하며 디자인에 적합한 패턴으로 응용, 변형 설계한 후 제작(재단, 봉제 등)하였으며, 필요한 모든 표식을 규정에 따라 완성시킨 패턴이다.

(4) 착용대상과 부위에 따른 분류

착용자의 체형을 고려한 패턴제작은 중요한 요인의 하나이며, 어떤 대상을 기준으로 제작되었는가에 따라 성별, 연령 등으로 구분하며, 신체의 특성(비만, 허약, 임부, 장애, 노인 등)에 따른 특수대상을 위한 패턴으로 분류할 수 있다.

인체의 어느 부위를 피복(Cover)하기 위한 제작인가에 따라 상반신(목, 허리)을 피복하는 보디스(Bodice) 패턴, 팔을 피복하기 위한 소매(Sleeve) 패턴, 목을 피복하는 칼라(Collar) 패턴, 하반신(허리에서 다리)을 피복하는 스커트(Skirt)·바지(Slacks) 패턴으로 나눈다.

(5) 의복종류에 따른 분류

의복의 패턴은 의복디자인의 종류에 따라 다르며 블라우스(Blouse), 재킷(Jacket), 코트(Coat), 스커트(Skirt), 팬츠(Pants), 원피스드레스(One-piece Dress) 등의 패턴이 있다.

여 성 복 패 턴 메 이 킹

PATTERNMAKING
FOR WOMEN'S
CLOTHES

원형과 다트

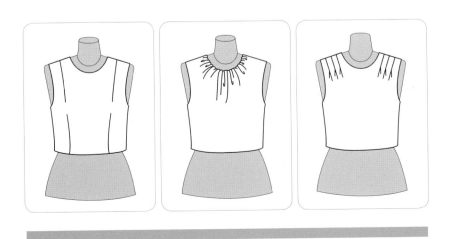

원형과
다트

원형.

평면패턴(Flat Pattern)의 원형은 디자인에 따라 적용하고 변형하기 위한 가장 기초가 되는 패턴이며 인체 측정을 통해 얻은 치수나 표준치수에 의해 제작된 기본 패턴이다.

이상적인 원형은 누구에게나 잘 맞아야 하며 제도설계 방법이 간단하고 쉬워야 한다. 또한 어떠한 종류의 의복에도 쉽게 적용할 수 있어야 하며 다양한 방법으로 응용, 전개할 수 있어야 한다.

원형을 다양한 방법으로 제도설계할 수 있으나, 본서는 단촌식과 장촌식, 병용식 제도설계방법과 등분과 절개방식을 도입하여 설계방법을 제시하였다.

01 몸판(길) 원형(Bodice Sloper) 각 부위 명칭

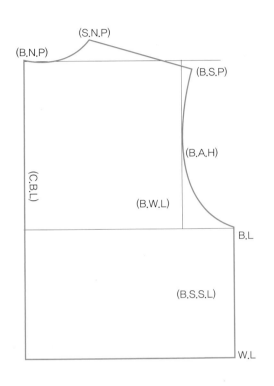

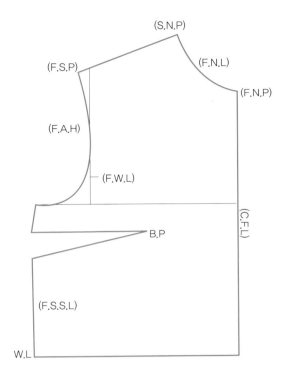

1. 상반신 원형 제도에 필요한 약자

가슴둘레	B	Bust Circumference
허리둘레	W	Waist Circumference
허리선	W.L	Waist Line
가슴선	B.L	Bust Line
젖꼭지점	B.P	Bust Point
어깨끝점	S.P	Shoulder Point
옆솔기	S.S	Side Seam
중심선	C.L	Center Line

진동둘레선	A.H	Arm Hole
앞목점	F.N.P	Front Neck Point
옆목점	S.N.P	Side Neck Point
뒤목점	B.N.P	Back Neck Point
뒤중심선	C.B.L	Center Back Line
앞중심선	B.N	Center Front Line
뒤진동맞춤표	F.N	Back Armhole Notch
앞진동맞춤표	C.L	Front Armhole Notch

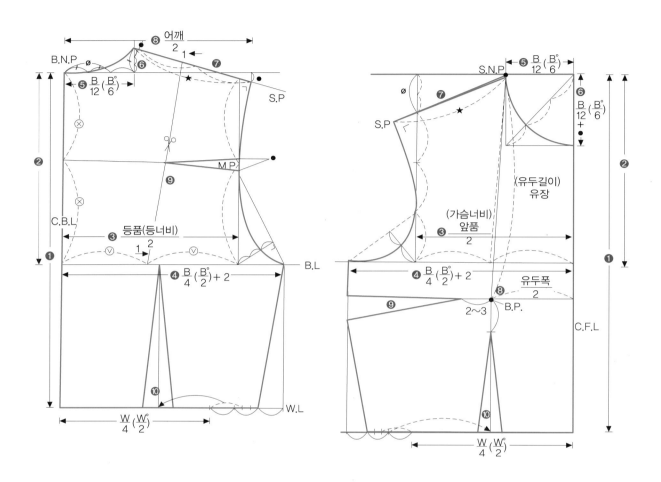

적용 치수					
상의길이 56cm	가슴둘레 86cm	허리둘레 68cm	엉덩이둘레 92cm	앞너비(가슴너비) 33cm	
유두너비 18cm	유두길이 24cm	앞길이 40.5cm	어깨너비 38cm	등너비 35cm	등길이 38cm

제도설계 순서			
뒤판(Back)		앞판(Front)	
❶ 등길이(38)	❻ $\frac{B}{12}$에 대한 $\frac{1}{3}$량 L직각	❶ 앞길이(40.5)	❻ 목둘레(세로) $\frac{B}{12}\left(\frac{B°}{6}\right)$+●
❷ 진동깊이 $\frac{B}{4}\left(\frac{B°}{2}\right)$	❼ 어깨선 설정	❷ 진동깊이 $\frac{B}{4}\left(\frac{B°}{2}\right)$	❼ 어깨선 설정
❸ $\frac{등너비}{2}$	❽ 어깨 치수 적용	❸ $\frac{가슴너비}{2}$	❽ 유장과 유폭을 동시에 적용
❹ 가슴둘레 $\frac{B}{4}\left(\frac{B°}{2}\right)$+2	❾ 어깨 다트 설정	❹ $\frac{B}{4}\left(\frac{B°}{2}\right)$+2 가슴둘레	❾ 옆 가슴 다트 설정
❺ 목둘레 $\frac{B}{12}\left(\frac{B°}{6}\right)$	❿ 허리 다트 설정	❺ 목둘레(가로) $\frac{B}{12}\left(\frac{B°}{6}\right)$	❿ 허리 다트 설정

03 토르소 원형(Torso Sloper)

인체는 허리선을 기준으로 상반신과 하반신의 형태가 다르므로 상반신과 하반신의 패턴으로 분리하여 제도설계를 한다. 그러나 우리가 착용하는 의복을 살펴보면 재킷이나 원피스드레스, 블라우스, 코트 등 상반신에서 하반신에 이르기까지 허리선이 분리 제작되지 않은 의복이 대부분이다.

이런 경우 토르소 원형(Torso Sloper)을 사용하게 되는데, 토르소 원형은 상반신과 하반신을 연결하여 제작된 원형을 의미한다. 토르소 원형은 허리의 굴곡선을 상하로 연결하는 제도설계로서 쉽지 않으며, 허리선을 너무 꼭 끼게 제작하면 신축성이 부족한 의복일 경우 허리선에 원치 않는 주름이 생기게 된다. 그러므로 토르소 원형을 제작할 때에는 허리선에 여유분을 원형보다 많이 주게 되므로 여유분을 다트나 절개선에서 조절하여 설계하게 된다.

[토르소 원형 각 부위의 명칭]

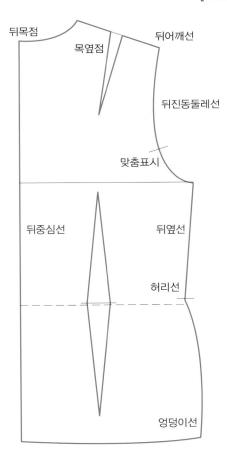
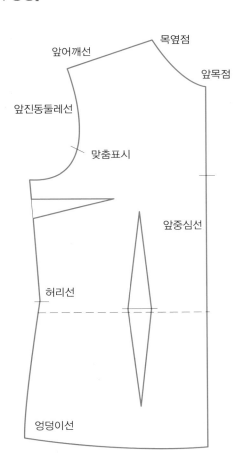

적용 치수					
상의길이 56cm	가슴둘레 86cm	허리둘레 68cm	엉덩이둘레 92cm	앞너비(가슴너비) 33cm	
유두너비 18cm	유두길이 24cm	앞길이 40.5cm	어깨너비 38cm	등너비 35cm	등길이 38cm

토르소 원형은 허리선에서 연장하며 제도설계하는 것이며, 허리선의 밀착된 정도에 따라 피티드 (Fitted), 세미피티드(Semi-Fitted), 루즈피티드(Loose-Fitted)로 나누어진다. 상반신과 하반신이 서로 다른 체형에 적합하도록 설계되어 있다. 따라서 상반신과 하반신을 연결하여 제도설계할 수 있는 토르 소 원형을 제시하고자 한다.

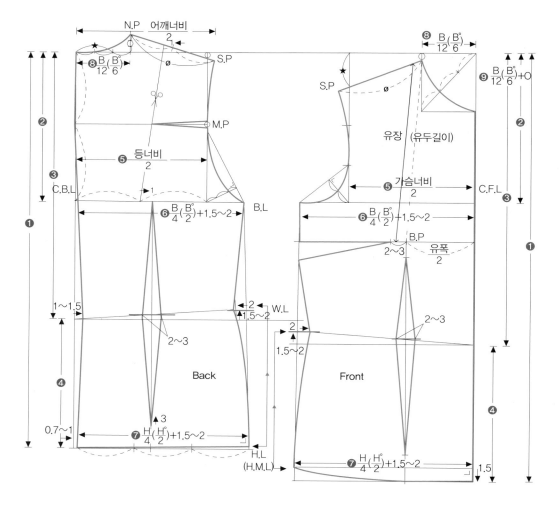

제도설계 순서				
뒤판(Back)		앞판(Front)	
세로선	가로선	세로선	가로선
❶ 상의길이(56)	❺ $\dfrac{\text{등너비}}{2}$	❶ 상의길이+차이치수	❺ $\dfrac{\text{가슴너비}}{2}$
❷ 진동깊이 $\dfrac{B}{4}\left(\dfrac{B°}{2}\right)$	❻ $\dfrac{B}{4}\left(\dfrac{B°}{2}\right)$+1.5~2	❷ 진동깊이 $\dfrac{B}{4}\left(\dfrac{B°}{2}\right)$	❻ $\dfrac{B}{4}\left(\dfrac{B°}{2}\right)$+1.5~2
❸ 등길이(38)	❼ $\dfrac{H}{4}\left(\dfrac{H°}{2}\right)$+1.5~2	❸ 앞길이(등길이+차이치수)	❼ $\dfrac{H}{4}\left(\dfrac{H°}{2}\right)$+1.5~2
❹ 엉덩이길이(H.L) → 허리선 (W.L)에서 18~20 내려줌	❽ 목둘레 $\dfrac{B}{12}\left(\dfrac{B°}{6}\right)$	❹ 엉덩이길이(H.L) → 허리선 (W.L)에서 18~20 내려줌	❽ 목둘레 $\dfrac{B}{12}\left(\dfrac{B°}{6}\right)$

05 토르소 어깨라인(Torso Shoulder Line)

솔더 라인(Shoulder Line)은 프린세스 라인이 어깨부터 밑단까지 연장된 라인이다. 어깨라인은 실루엣이 직선라인으로 슬림하며 길어 보이는 효과가 있다.

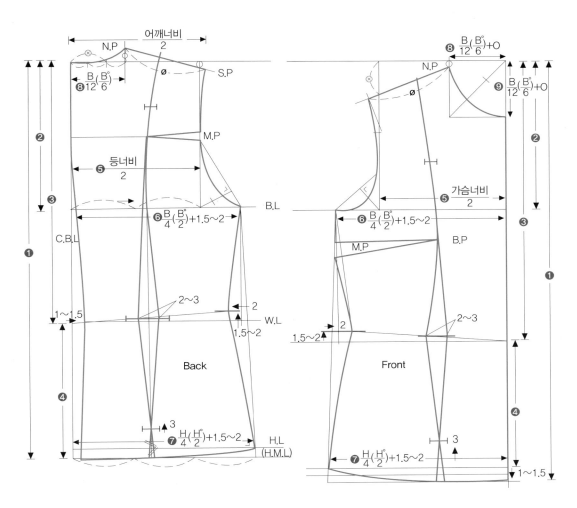

적용 치수	제도설계 순서	
	뒤판(Back)	앞판(Front)
· 엉덩이둘레 92	❶ 길이(상의)(56)	❶ 길이(상의) 56+차이치수(2.5)
· 상의길이 56	❷ 진동깊이 $\dfrac{B}{4}\left(\dfrac{B^{\circ}}{2}\right)$	❷ 진동깊이 $\dfrac{B}{4}\left(\dfrac{B^{\circ}}{2}\right)$
· 등길이 38	❸ 등길이	❸ 앞길이(등길이+차이치수)
· 어깨너비 37	❹ 엉덩이길이(H.L) → 허리선(W.L)에서 18~20 내려줌	❹ 엉덩이길이(H.L) → 허리선(W.L)에서 18~20 내려줌
· 등너비 34	❺ $\dfrac{등너비}{2}$	❺ $\dfrac{가슴너비}{2}$
· 가슴너비 32	❻ 가슴둘레 $\dfrac{B}{4}\left(\dfrac{B^{\circ}}{2}\right)$+1.5~2	❻ 가슴둘레 $\dfrac{B}{4}\left(\dfrac{B^{\circ}}{2}\right)$+1.5~2
· 유두너비 18	❼ 엉덩이둘레 $\dfrac{H}{4}\left(\dfrac{H^{\circ}}{2}\right)$+1.5~2	❼ 엉덩이둘레 $\dfrac{H}{4}\left(\dfrac{H^{\circ}}{2}\right)$+1.5~2
· 유두길이 24		
· 앞길이 40.5	❽ 목둘레 $\dfrac{B}{12}\left(\dfrac{B^{\circ}}{6}\right)$	❽ 목둘레 $\dfrac{B}{12}\left(\dfrac{B^{\circ}}{6}\right)$
· 가슴둘레 84		

토르소 암홀라인(Torso Armhole Line)은 프린세스라인이 진동둘레에서 밑단까지 연결된 라인으로 여성 스럽고 부드러운 선이며 여성복의 대표적인 라인으로 모든 의복에 가장 많이 사용된다.

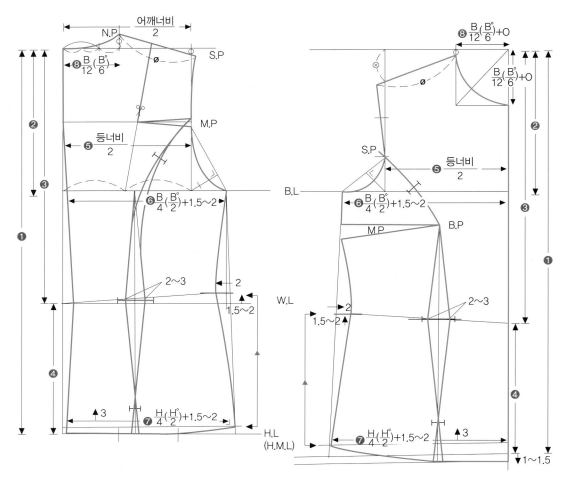

적용 치수	제도설계 순서	
	뒤판(Back)	앞판(Front)
· 가슴둘레 84	❶ 길이(상의)(56)	❶ 길이(상의) 56+차이치수(2.5)
· 엉덩이둘레 92	❷ 진동깊이 $\frac{B}{4}\left(\frac{B^\circ}{2}\right)$	❷ 진동깊이 $\frac{B}{4}\left(\frac{B^\circ}{2}\right)$
· 상의길이 56	❸ 등길이	❸ 앞길이(등길이+차이치수)
· 등길이 38	❹ 엉덩이길이(H.L) → 허리선(W.L)에서 18~20 내려줌	❹ 엉덩이길이(H.L) → 허리선(W.L)에서 18~20 내려줌
· 어깨너비 37	❺ $\frac{등너비}{2}$	❺ $\frac{가슴너비}{2}$
· 등너비 34	❻ 가슴둘레 $\frac{B}{4}\left(\frac{B^\circ}{2}\right)$+1.5~2	❻ 가슴둘레 $\frac{B}{4}\left(\frac{B^\circ}{2}\right)$+1.5~2
· 가슴너비 32	❼ 엉덩이둘레 $\frac{H}{4}\left(\frac{H^\circ}{2}\right)$+1.5~2	❼ 엉덩이둘레 $\frac{H}{4}\left(\frac{H^\circ}{2}\right)$+1.5~2
· 유두너비 18		
· 유두길이 24		
· 앞길이 40.5	❽ 목둘레 $\frac{B}{12}\left(\frac{B^\circ}{6}\right)$	❽ 목둘레 $\frac{B}{12}\left(\frac{B^\circ}{6}\right)$

07 다트 활용과 변형(Dart Manipulation & Variation)

1. 몸판 다트(Bodice Dart)

다트는 인체의 곡선을 표현하고 인체의 입체감을 살릴 수 있는 필수적인 요소이며 디자인의 다양한 변형을 가능하게 해준다. 즉, 다트를 분할하거나 위치를 변화시킴으로써 옷의 느낌을 달리하는 상반신의 돌출된 가슴과 잘록한 허리의 곡선은 다트(Dart)를 이용하여 표현이 가능하다.

다트는 옷감이 유연한 성질을 이용하거나 이동하여 부드러운 턱과 개더(Gather), 플레어(Flare) 등 드레이프성을 줄 수 있다. 다트는 절개선으로 변형시켜 여러 개 또는 하나의 다트로 표현할 수도 있다. 이러한 원리를 이용하여 다양한 디자인을 만들어 낼 수 있으며 이러한 방법을 다트 활용(Dart Manipulation) 방법이라고 한다. 그러므로 가슴다트는 버스트 포인트(B.P; Bust Point)의 위치를 변동하거나 분할하여 여러 가지 디자인과(개더나 턱, 플리츠 등) 다양한 방법으로 연출할 수 있다.

원형다트(Bodice Dart)

08 길 다트(Bodice Dart)의 위치와 명칭

1. 다트의 종류

길 다트는 여러 가지 방법과 방향으로 이동하여 변형할 수 있으며, 다트는 옷을 몸에 맞게 하는 중요한 요소 중에 하나이다. 길의 기본다트가 위치를 변화(이동)함에 따라 이동된 위치에 따른 명칭도 달라진다.

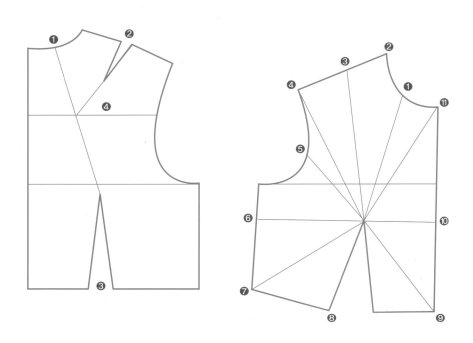

(1) 길 다트(Bodice Dart)의 위치에 따른 명칭

뒷길	앞길
❶ 목둘레선 다트(Neckline Dart)	❶ 목둘레선 다트(Neckline Dart)
❷ 어깨다트(Shoulder Dart)	❷ 옆 넥포인트 다트(Side Neck Point Dart)
❸ 허리다트(Waist Dart)	❸ 어깨다트(Shoulder Dart)
❹ 암홀다트(Armhole Dart)	❹ 어깨점 다트(Shoulder Point Dart)
	❺ 암홀다트(Armhole Dart)
	❻ 옆다트(Underarm Dart)
	❼ 프렌치다트(French Dart)
	❽ 허리다트(Waist Dart)
	❾ 앞중심허리다트(Center Front Waist Dart)
	❿ 앞중심다트(Center Front Dart)
	⓫ 앞중심 넥포인트 다트(Center Front Neck Point Dart)

09 다트의 특성과 정리

하나의 다트가 벌어진 정도는 다트의 길이에 따라 다르다. 그러나 각 다트를 실제 같은 다트의 벌어진 양과 한 위치에 겹쳐보면 다트의 각도가 모두 같은 것을 알 수 있다. 즉, 다트양의 크기는 다트 끝의 각도에 따라 크기의 양이 달라진다.

그리고 다트의 끝점은 인체의 돌출된 부위를 향하는데, 인체의 돌출점은 뾰족하지 않고 둥근 모양이다. 따라서 모든 다트는 돌출점까지 연장하지 않고 포인트점을 중심으로 2~5cm 정도 벗어나도록 정리한다. 다트 분량은 디자인, 다트의 개수, 가슴의 형태와 인체의 특징에 따라 조절되며 여러 개의 다트일 때는 포인트점에 거리를 두고 정한다.

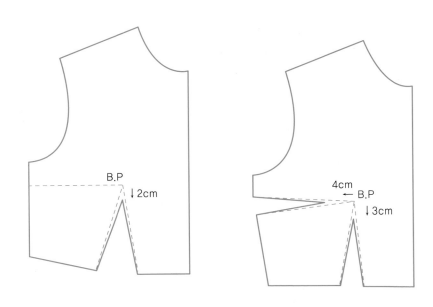

10 다트의 조작(Dart Manipulation)

다트의 위치를 이동시키는 방법에는 절개법과 회전법이 있으며 어떤 방법이든 다트 끝은 항상 고정시키고 변형시켜야 한다.

❶ 절개방법(Slash Method) : 다트를 조작하여 원하는 위치에 선을 긋고 절개한 후 기본원형의 다트를 접어서(M.P) 다트위치를 이동시키는 방법으로, 이해하기 쉽고 정확한 방법이어서 초보자가 사용하기 적합하다.

❷ 회전방법(Pivot Method) : B.P(Bust Point)인 고정점(Pivot Point)을 중심으로 원형을 고정시킨 후 다른 원형을 넣고자 하는 위치로 다트를 돌려서 이동시키는 방법이다. 절개법보다 복잡해 보이지만 패턴의 손상이 없으므로 절개법처럼 매번 기초패턴을 다시 제작할 필요가 없기 때문에 능률적이고 합리적인 제작방법이라 할 수 있다.

1. 기본 다트(Basic Dart)

❶ 다트는 솔기에서 시작되며 다트를 접는 방향에 따라 외곽선이 결정된다.

❷ 세로다트는 중심쪽으로 모으고 가로다트는 일반적으로 아래로 접는다(시접방향).

❸ 뒤판의 어깨선에 절개선을 넣고 암홀부분 다트를 M.P시킨 후 벌어진 다트를 6~7cm 길이로 그린다.

❹ 앞판의 다트는 바스트 포인트에서 2~3cm 간격을 두고 그린다.

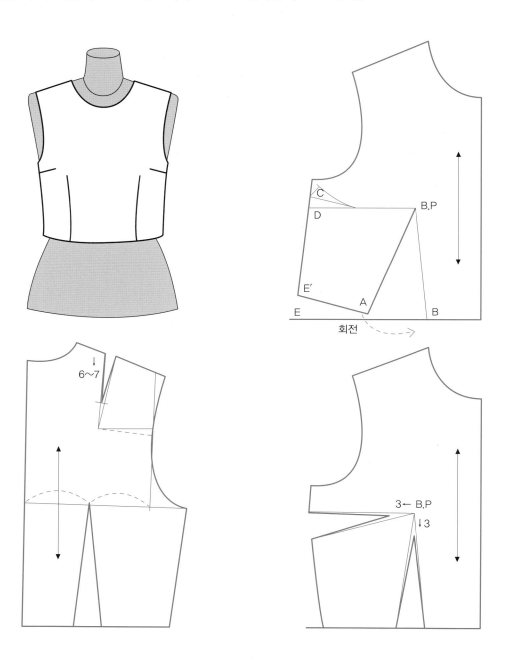

2. 옆 다트(Side Dart)

❶ 옆선에서 B.P까지 옆다트선을 설정한다.

❷ 설정된 선을 절개한다.

❸ 기본 원형을 그린 후에 또 하나의 원형의 B.P를 핀으로 고정시킨 후 A와 B가 만날 때까지 패턴의 C점을 회전시킨다.

❹ 다트는 B.P점에서 2~3cm 간격을 두고 그린다.

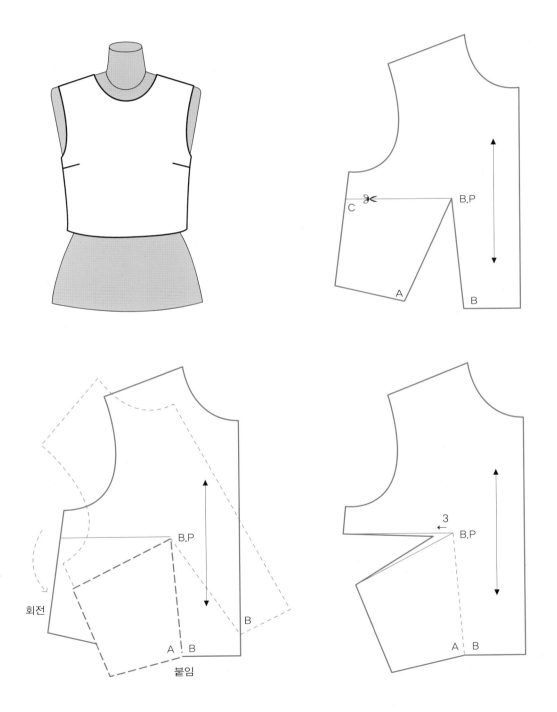

3. 웨이스트 다트(Waist Dart)

❶ 허리다트(A,B)를 자르고 옆다트(C와 D)를 붙여준다.

❷ 허리다트는 B.P에서 2~3cm 떨어진 곳에서부터 직선으로 다트를 그린다.

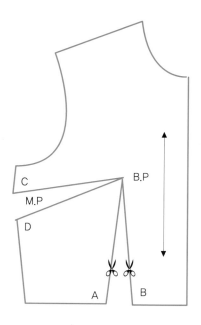

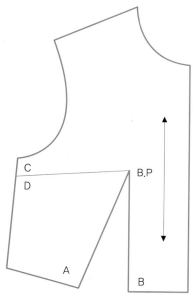

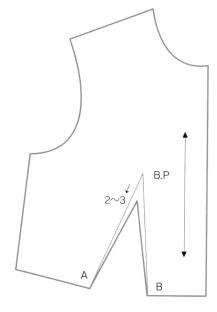

4. 프렌치 다트(French Dart)

❶ 옆허리점에서 B.P까지 프렌치다트선을 설정한다.

❷ 설정된 다트선을 절개한다.

❸ 허리다트를 붙여주고(A, B) 설정된 다트선(C, D)을 절개하여 다트위치를 정한다.

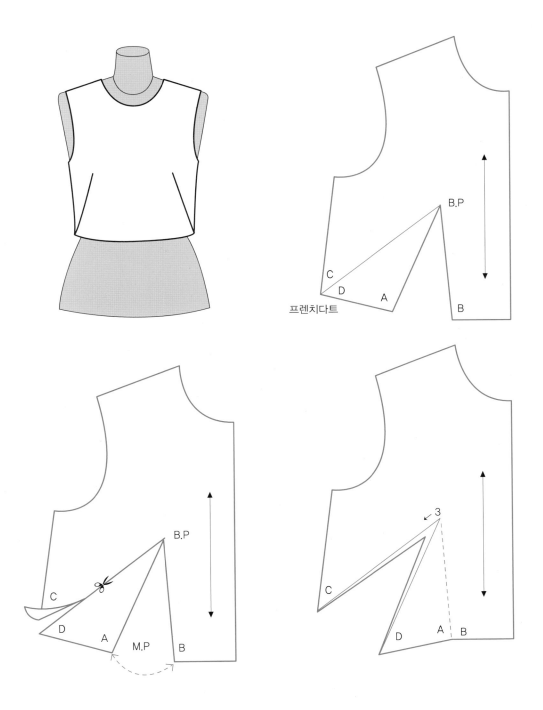

프렌치다트

5. 어깨 다트(Shoulder Dart)

❶ 어깨선의 1/2점에서 목 방향으로 1cm 이동하여 어깨다트선을 설정한다.

❷ 설정된 어깨다트선을 절개한 후 허리다트를 붙여주고(A, B) 다트위치를 정한다. 형성된 다트를 B.P에서 4~5cm 떨어진 곳까지 그린다.

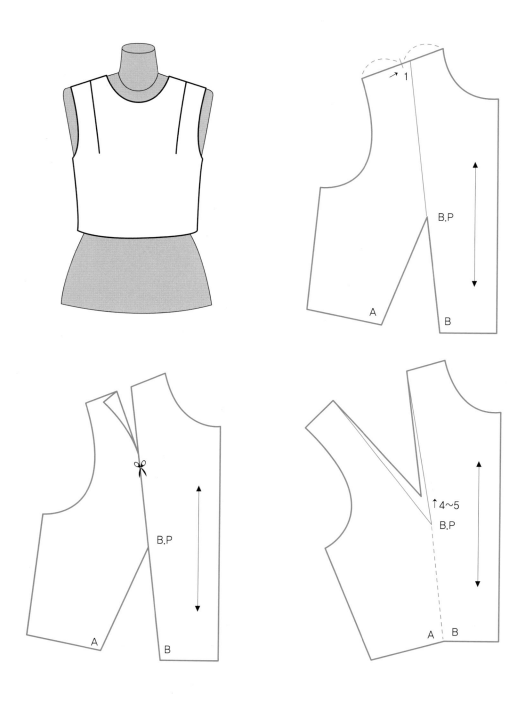

6. 암홀 다트(Armhole Dart)

❶ 암홀의 1/2점 또는 1/3점에서 B.P까지 다트선을 설정한다.

❷ 암홀에서 B.P점까지 설정된 선을 자르고 허리선의 다트(A.B)를 접는다.(M.P)

❸ B.P점에서 3~4cm 위로 다트를 그려준다.

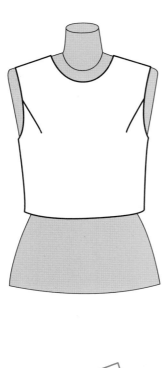

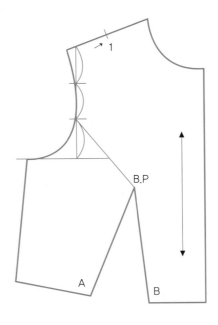

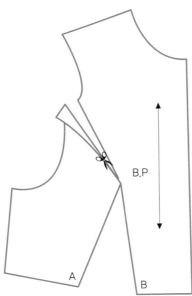

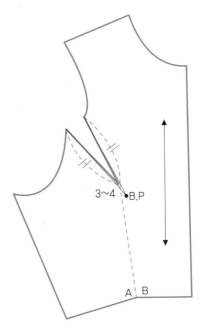

7. 네크라인 다트(Neckline Dart)

❶ 목둘레선에 새 다트위치를 설정하여 B.P와 직선 연결한다.

❷ 설정된 다트선을 절개한 후 B.P를 핀으로 고정시킨다.

❸ A점을 B점까지 회전시킨다.

❹ 형성된 다트를 B.P에서 4~5cm 간격을 두고 그린다.

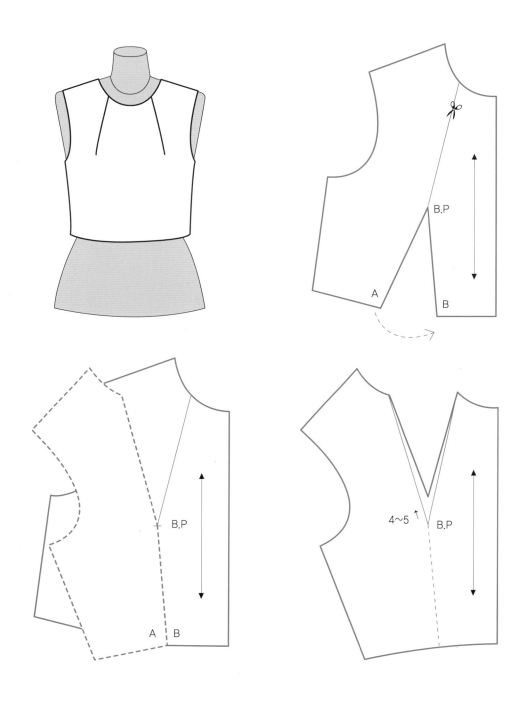

8. 목다트와 허리다트(Neck & Waist Dart)

❶ 이동할 옆다트를 B.P까지 연장하여 A와 A′로 표기한다.

❷ 목둘레선에 새 다트위치를 설정하여 선을 긋는다.(B.P까지)

❸ 그려진 선(B, B′)을 절개한다.

❹ 기본원형 위에 다른 원형의 B.P를 핀으로 고정한 후 A와 A′점을 붙인다.

❺ 벌어진 B와 B′를 B.P로부터 4~5cm 위로 목다트선을 그린다.

❻ 벌어진 C와 C′의 다트를 B.P에서 3cm 떨어진 곳까지 그린다.

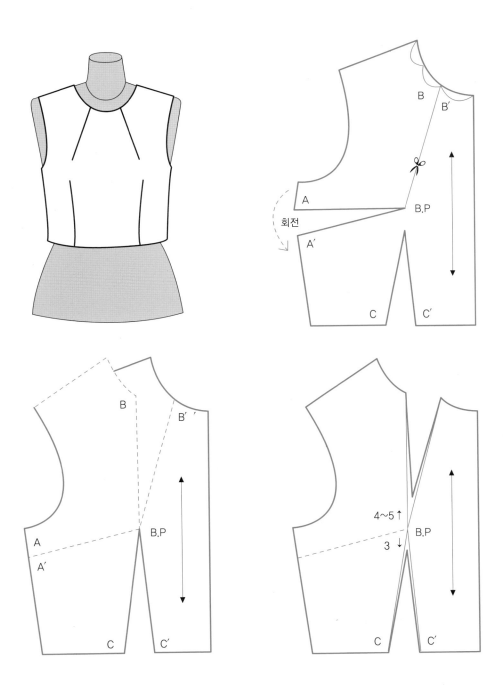

9. 어깨와 허리다트(Shoulder & Waist Dart)

❶ 어깨의 1/2 지점에 다트선을 설정한 후 선을 긋는다.

❷ 다트선이 설정된 선을 절개하고 B.P를 핀으로 고정한 후 C와 D점을 붙인다.

❸ 형성된 어깨다트선과 허리다트선에서 4~5cm 떨어진 위치에 다트를 각각 그린다.

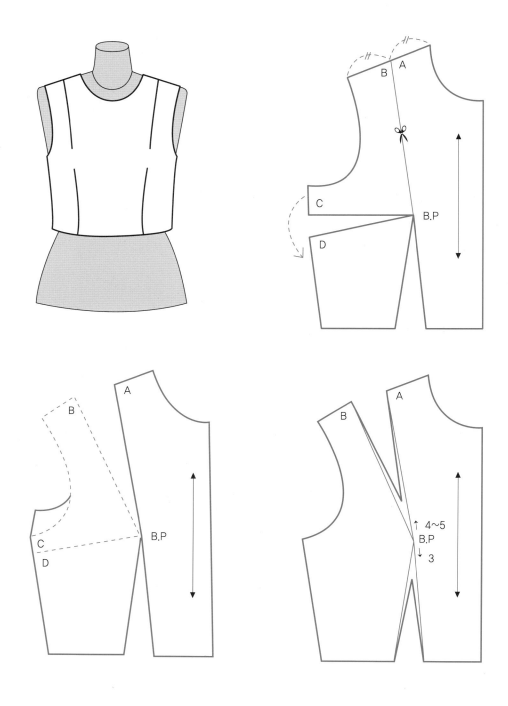

10. 암홀과 허리다트(Armhole & Waist Dart)

❶ 암홀 1/2 지점에서 B.P까지 다트선을 설정한다.

❷ 설정된 다트선을 절개하고 옆다트(A, B)를 붙여준다.

❸ 새로 설정된 다트선을 B.P에서 3~4cm 이동하여 다트선을 그린다.

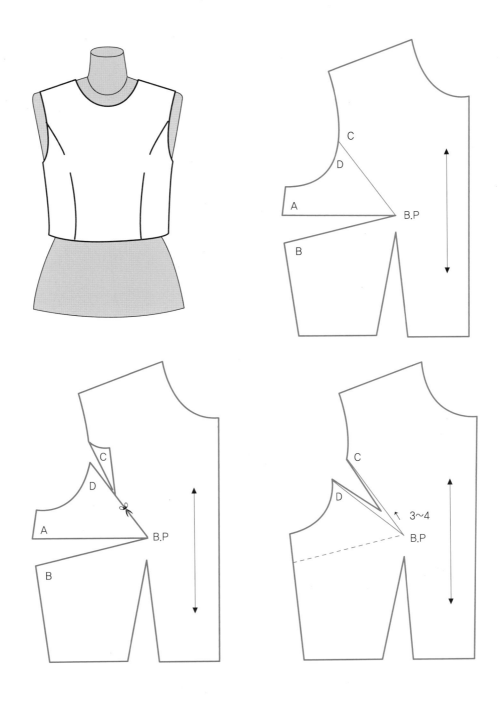

11. (뒷길) 목다트와 허리다트(Neck & Waist Dart)

❶ 뒷길은 앞길과 달리 돌출점이 적으므로 합치거나 이동하여 변형하기가 다양하지 않다.

❷ 목둘레선에 다트 위치를 설정한다.

❸ 선을 긋고 절개한 후 점(A, B)을 붙인다.

❹ 목다트의 길이는 7cm로 정하고 허리다트는 원형 그대로 사용하도록 한다.

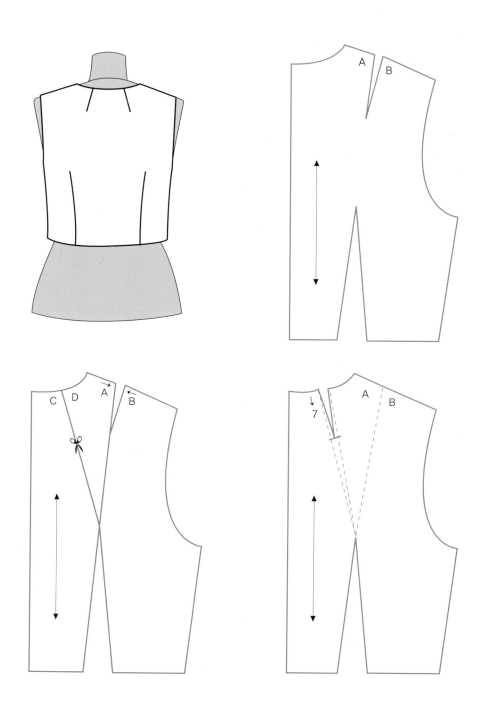

12. 턱(Tuck)

❶ 턱은 옷감에 주름을 잡고 박아서 장식하는 것이다. 다트양을 이용하기도 하나 필요한 양만큼 증감할 수 있다.

❷ 턱의 위치를 설정한 후 선을 긋는다.(B.P와 연결)

❸ 선을 절개한 후 벌어진 분량을 고르게 조절하면서 점(A, B)을 붙인다.

❹ 원하는 턱의 길이를 정한 후 위치를 표시한다.

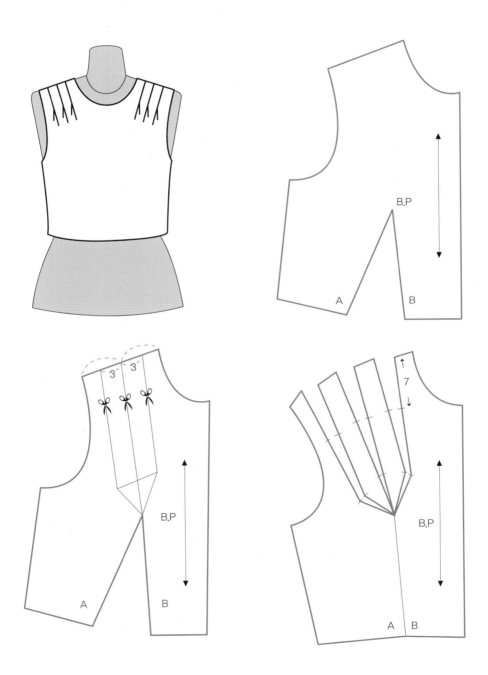

13. 개더(Gathers)

다트보다 개더로 처리하면 부드러운 느낌을 주며, 풍성한 개더를 원할 때는 원형을 더 많이 절
개하여 주름분을 늘려 만들어준다. 다트와 달리 개더는 정확하게 표시하기 쉽지 않으나 원형의
목둘레를 확인하여 일치시키도록 한다.

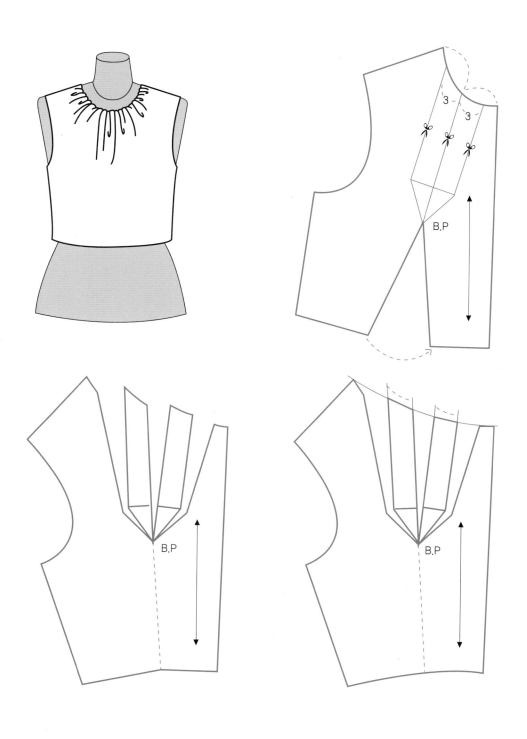

14. 다트를 생략한 무다트(Dartless)

다트(Dart)는 디자인에서 인체의 곡선을 표현하기 위한 필수적인 요소이다. 그러나 때로는 디자인에 따라 제작공정의 간소화와 비용절감을 위해 생략되기도 한다. 다트가 생략되었다고 인체의 굴곡마저 없어지는 것은 아니며, 입체감과 굴곡의 표현은 다소 떨어지나 맞음새는 변함이 없다. 그러나 다트를 없애는 것은 인체를 왜곡시키게 되므로 왜곡의 최소화를 위해 분산시켜 제거하도록 해야 한다.

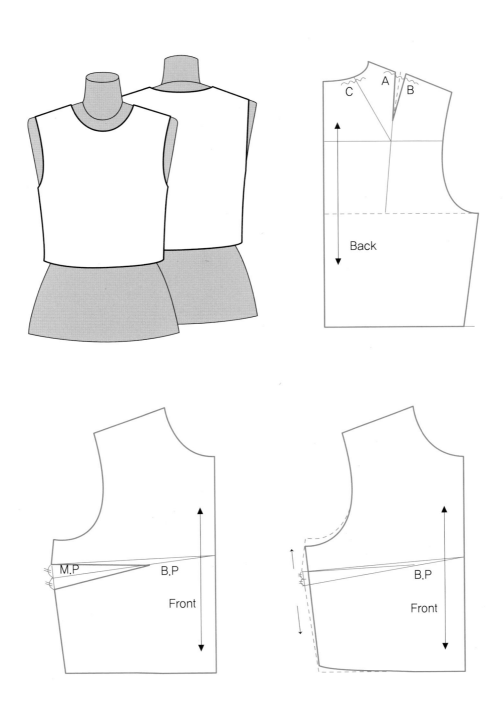

15. 패럴렐 다트(Parallel Dart)

❶ 기본다트를 B.P에서 떨어진 위치에 다시 그린다.

❷ 다시 다트를 잡으려는 위치(3~4cm)에 선을 그린다.

❸ 디자인과 같이 그려진 곡선 다트선을 자른다.

❹ 기본다트(옆다트, 밑다트)를 접는다.(M.P)

❺ 벌어진 다트선을 B.P점에서 3~4cm 간격을 두고 그린다.

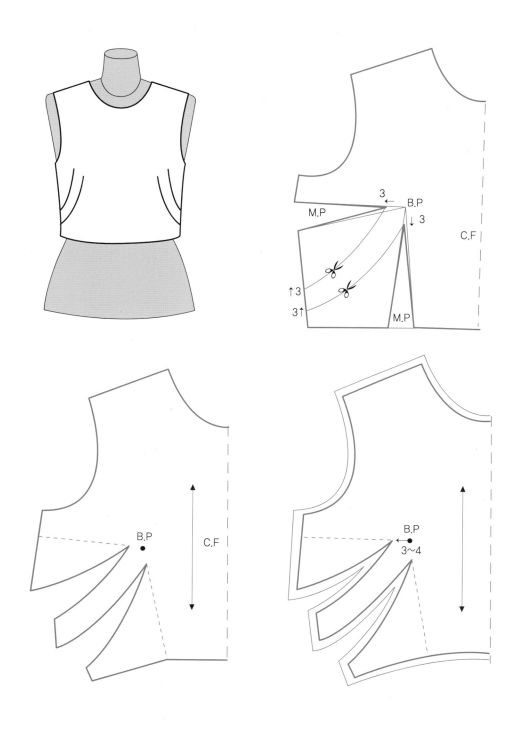

16. 넥 패럴렐 다트(Neck Parallel Dart)

❶ 앞네크라인을 디자인과 적합하게 다트선을 설정하여 그린다.

❷ 설정된 다트선을 절개한다.

❸ 그려진 절개선을 자른 후 기본 다트를 접는다.(M.P)

❹ 벌어진 다트를 B.P점에서 4~5cm 간격을 두고 그린다.

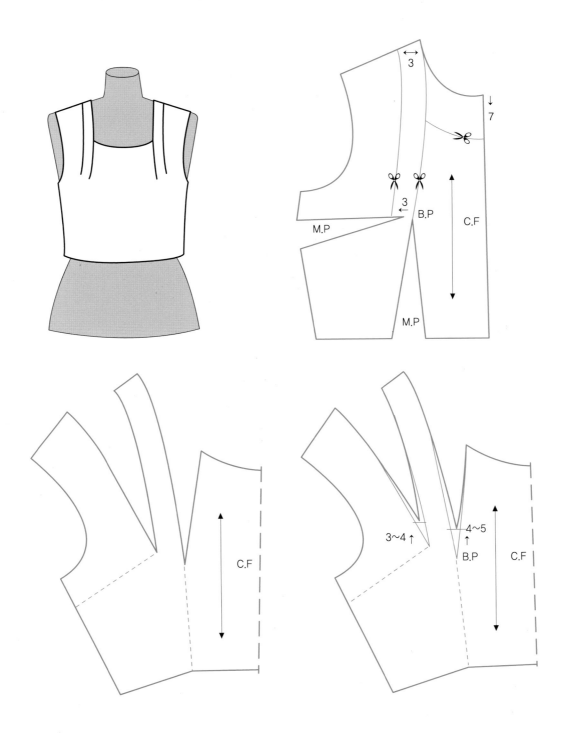

여성복 패턴메이킹

PATTERNMAKING
FOR WOMEN'S
CLOTHES

네크라인
& 칼라

네크라인
& 칼라

네크라인 & 칼라.

인체는 좌우가 완전히 같지는 않지만 특수한 의복을 제외하고는 좌우를 같은 치수로 제작했을 때 가장 자연스럽다고 할 수 있다. 한쪽이 기울거나 처졌다 해도 신체의 왜곡된 부분을 그대로 나타내기보다는 의복으로 보완할 수 있어야 한다. 그래서 원형은 특별한 경우를 제외하고 반쪽만 제도하게 되며, 인체는 앞뒤가 다르므로 앞뒤를 구분하여 제도설계한다. 몸통은 목둘레에서 엉덩이부분까지 포함되나, 허리선을 기준으로 상반신과 하반신의 체형은 매우 다르므로 하나의 패턴으로 구성하기에는 한계가 있다. 그러므로 인체의 각 부분 중 움직임이 가장 많고 큰 부분을 상반신, 하반신, 팔 세 부분으로 나눌 수 있으며, 원형도 여기에 맞추어 상의, 하의, 소매로 나누어 제도설계한다. 이 중 상의원형은 다양한 네크라인과 칼라를 이용하여 여러 가지 디자인과 분위기를 연출할 수 있는 부분이라 하겠다.

01 네크라인(Neckline)

네크라인은 목둘레선에 칼라를 달지 않고 변형시키므로 다양한 형태로 분위기를 연출할 수 있다. 둥근형, 보트형, 사각형, 브이형 등 목둘레를 파거나 올려서 여러 가지 형태로 변형이 가능하다. 목둘레선은 얼굴형, 목의 굵기, 의복과의 조화를 고려하여 디자인해야 한다.

1. 둥근 목둘레선(Round Neckline)

기본 원형의 목둘레선을 깊고 넓게 판 디자인으로 부드럽고 여성스러운 네크라인이다.

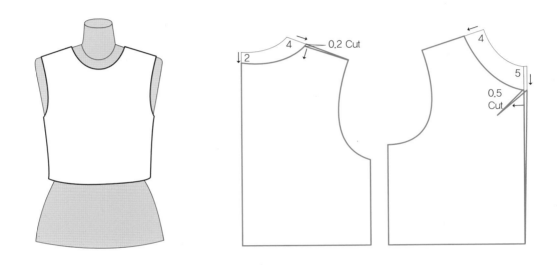

2. 스퀘어 네크라인(Square Neckline)

스퀘어 네크라인은 심플(Simple)하면서도 시원스러운 느낌의 디자인으로 여름철에 착용하기에 적합한 네크라인이다.

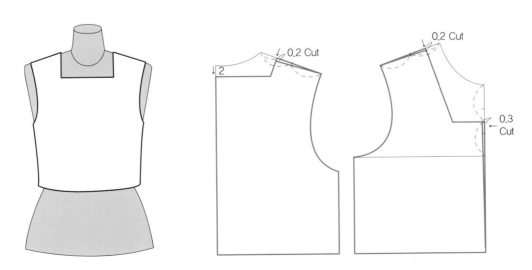

3. 스위트하트 네크라인(Sweetheart Neckline)

스위트하트 네크라인은 여성스러우면서도 우아한 느낌을 주므로 이브닝 또는 웨딩드레스에 잘 어울린다.

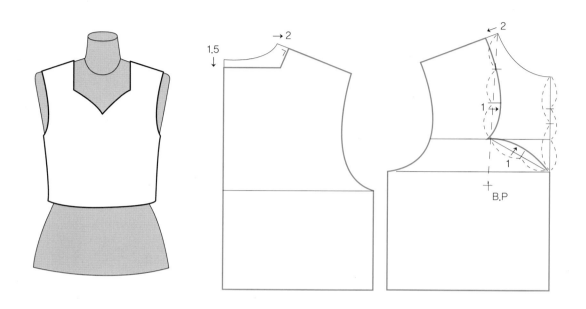

4. 브이 네크라인(V Neckline)

브이 네크라인은 둥근 얼굴이나 목이 짧은 사람에게 잘 어울리는 네크라인으로, 단정하고 샤프한 느낌으로 스포티한 네크라인이다.

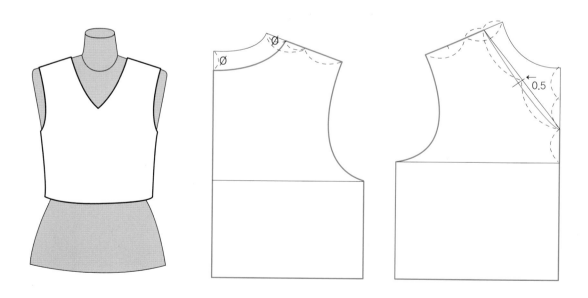

02 칼라(Collar)

칼라는 의복의 일부분으로 목 부위에서 얼굴 가까이 있기 때문에 착용자의 인상에 큰 영향을 미치며 얼굴형과의 조화로 인해 다양한 이미지를 연출할 수 있다. 칼라의 형태는 다양하며 제도방법 또한 다양하므로 보기에 아름답고 착용감이 좋은 칼라 제작을 위해 목과 어깨의 인체구조를 이해함이 선행되어야 한다.

1. 칼라의 각 부위 명칭

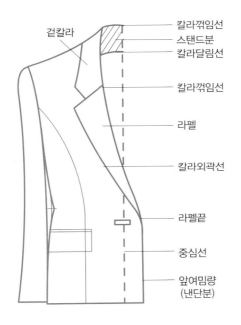
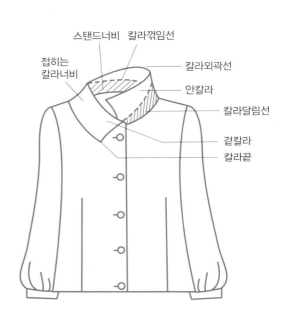

2. 칼라 용어

❶ 칼라달림선 : 칼라의 달림선은 길의 목둘레선 치수와 같은 치수로 봉제되어야 할 부분이므로 목둘레선의 치수와 동일해야 한다.

❷ 칼라외곽선 : 칼라모양의 테두리선으로 외곽을 결정하는 선이다.

❸ 칼라꺾임선 : 칼라가 목선을 따라 접히면서 안쪽 선과 바깥쪽 선 또는 보이는 칼라부분과 보이지 않는 부분으로 나누는 선이다.

❹ 스탠드분 : 칼라가 접혀서 세워진 칼라부분의 높이이며, 칼라꺾임선까지의 높이를 나타낸다.

❺ 겉칼라 : 겉칼라는 뒤 중심 칼라의 꺾임선에서 칼라외곽선까지이며 칼라 세움량보다 넓다.

3. 칼라달림선과 각도에 의한 변화

칼라의 형태는 칼라달림선의 모양에 따라 어깨 위에 놓여 있는 칼라의 모양으로 알 수 있듯이 칼라달림선의 형태는 칼라의 모양을 결정하며 스탠드분이 넓어서 목 부위를 감싸는 곡선이 되고, 스탠드분이 좁아 어깨 위로 눕는 칼라는 스탠드분이 거의 없이 달림선이 주를 이룬다.

(1) 칼라의 구조와 원리

칼라를 만들기 위해서는 기본 구조를 먼저 이해하고, 칼라와 관계가 깊은 목과 어깨 부분의 인체를 과학적이고 형태적으로 파악하여 칼라의 패턴에 적합하게 응용 전개할 수 있어야 한다.

(2) 칼라의 기본 구조

칼라는 목선과 외곽선, 꺾임선의 세 가지 구조를 이루고 있으며, 길의 목선은 칼라를 붙이는 부분이므로 길의 목둘레 치수와 칼라의 목둘레(달림선) 치수가 동일해야 한다.

(3) 칼라달림선의 형태와 종류

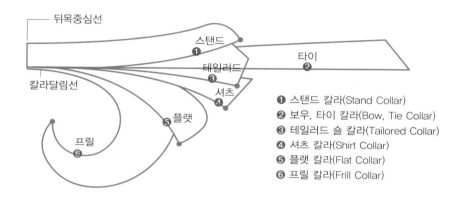

❶ 스탠드 칼라(Stand Collar)
❷ 보우, 타이 칼라(Bow, Tie Collar)
❸ 테일러드 솔 칼라(Tailored Collar)
❹ 셔츠 칼라(Shirt Collar)
❺ 플랫 칼라(Flat Collar)
❻ 프릴 칼라(Frill Collar)

❶ 칼라달림선이 목둘레와 반대 형태

목둘레선과 칼라달림이 반대인 형태는 칼라의 외곽선 길이가 칼라달림선 길이보다 길 뿐만 아니라 꺾임량이 없는 칼라 형태로서 프릴 칼라가 이에 속한다.

❷ 칼라달림선이 목둘레인 형태

목둘레선 형태의 칼라들은 스탠드분이 거의 없는 칼라로서 어깨에 평평하게 놓이는 플랫 칼라가 이에 속한다.

❸ 칼라달림선이 직선 형태

칼라달림선이 직선인 칼라는 칼라 외곽의 길이와 길의 목둘레선이 같게 되어 목을 감싸면서 묶어주는 칼라나 보우 칼라가 이에 속한다.

4. 칼라(Collar)의 형태에 따른 명칭

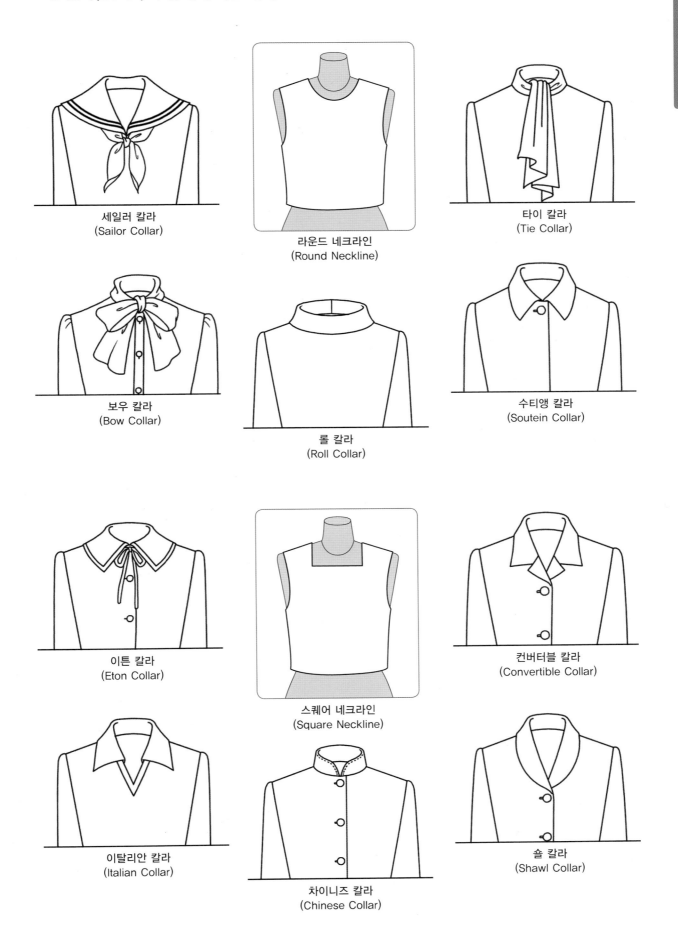

세일러 칼라
(Sailor Collar)

라운드 네크라인
(Round Neckline)

타이 칼라
(Tie Collar)

보우 칼라
(Bow Collar)

롤 칼라
(Roll Collar)

수티앵 칼라
(Soutein Collar)

이튼 칼라
(Eton Collar)

스퀘어 네크라인
(Square Neckline)

컨버터블 칼라
(Convertible Collar)

이탈리안 칼라
(Italian Collar)

차이니즈 칼라
(Chinese Collar)

숄 칼라
(Shawl Collar)

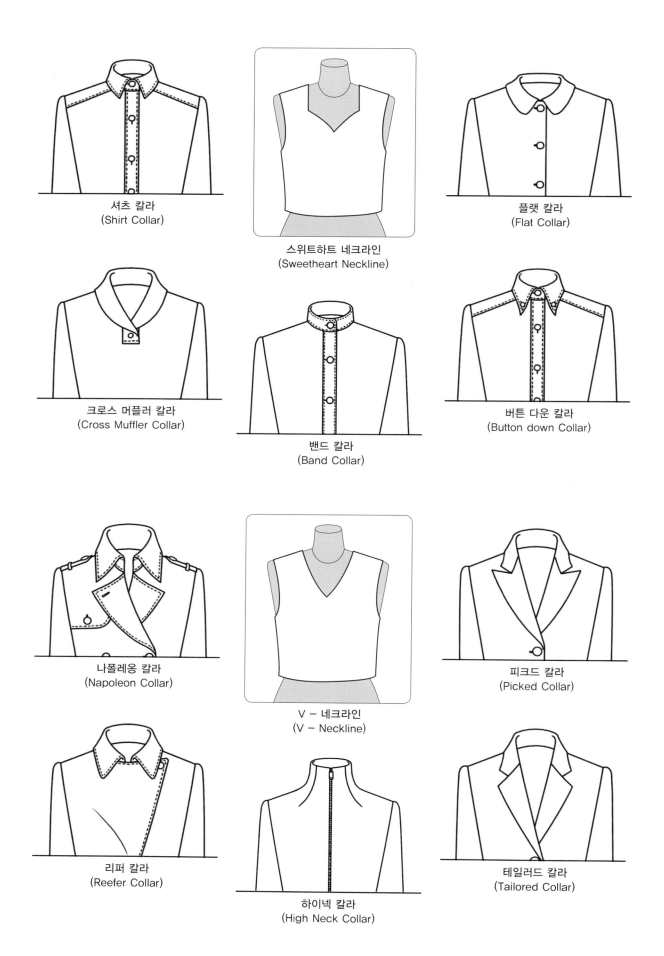

셔츠 칼라
(Shirt Collar)

스위트하트 네크라인
(Sweetheart Neckline)

플랫 칼라
(Flat Collar)

크로스 머플러 칼라
(Cross Muffler Collar)

밴드 칼라
(Band Collar)

버튼 다운 칼라
(Button down Collar)

나폴레옹 칼라
(Napoleon Collar)

V – 네크라인
(V – Neckline)

피크드 칼라
(Picked Collar)

리퍼 칼라
(Reefer Collar)

하이넥 칼라
(High Neck Collar)

테일러드 칼라
(Tailored Collar)

5. 각종 칼라의 제도설계

(1) 차이니즈 칼라(Chinese Collar)

차이니즈 칼라는 만다린 칼라라고도 하며 목둘레선을 따라 위로 세워지는 스탠드 칼라이다.

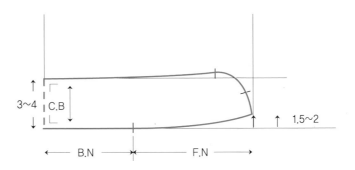

(2) 롤 칼라(Roll Collar)

롤 칼라는 바이어스로 재단하여 목선을 따라 부드럽게 돌아가기 원활하게 하며, 세움(Stand) 분이 있는 칼라이다. 롤 칼라(Stand Roll Collar)는 다양한 설계로 여러 가지 형태를 나타낼 수 있으며 여성복에서 평상복부터 파티복까지 널리 이용되고 있다.

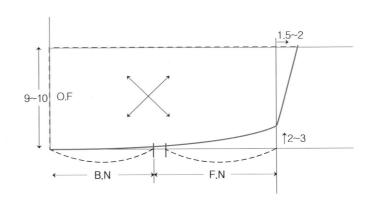

(3) 밴드 칼라(Band Collar)

밴드 칼라는 네크라인의 기울기 각도를 차이니즈 칼라 네크라인 각도보다 더 크게 적용하여 칼라의 각도와 목선 각도의 격차에 의해 목선에서 칼라가 너무 벌어지는 것을 방지하는 특징을 가지고 있으며, 스탠딩 칼라로서 목선을 따라 부드러운 형태를 나타내고 있다.

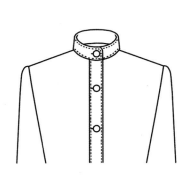
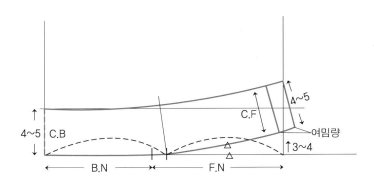

(4) 셔츠 칼라(Shirt Collar)

셔츠 칼라는 남성복에서 유래된 칼라이며, 블라우스는 롤 칼라(Roll Collar)와 스탠딩 칼라(Standing Collar)의 결합으로 구성되어 있는 스탠드분이 필요했기 때문에 칼라와 스탠드분이 분리되어 있다. 이러한 칼라는 스포티하면서도 단정한 느낌을 주어 여성복에서도 스포티한 느낌의 여성복 셔츠블라우스에 많이 이용되고 있다.

※ 칼라와 스탠드분을 분리하지 않고 한 장으로도 제도설계가 가능하다.

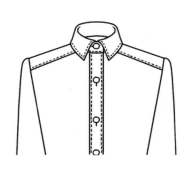
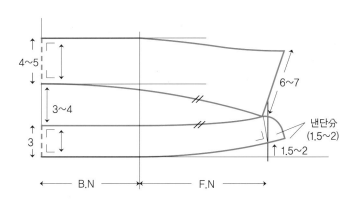

(5) 플랫 칼라(Flat Collar)

플랫 칼라는 뒤 칼라 세움분량이 거의 없이 어깨에 평평하게 놓이는 칼라를 총칭한다. 항상 단추를 잠근 형태로 논컨버터블(Non-Convertible) 칼라이며 목둘레선과 어깨의 형태에 칼라의 형태가 주어진다.

어깨의 겹침분에 따라 스탠드분이 변화하며 목둘레선과 어깨의 모양을 따라 칼라를 제도하므로 앞판, 뒤판의 몸판 패턴(Bodice Pattern)을 이용하여 어깨선을 마주대어 칼라를 제도한다. 이때 옆목점은 고정시키고 어깨점과 겹쳐주면서 제도설계한다. 이때 어깨의 겹침량에 따라 칼라의 모양에 변화를 주어 칼라외곽선이 줄어들면서 스탠드분이 생기게 된다. 반대로 어깨의 겹침량이 적어질수록 스탠드분량이 없어지므로 플랫 칼라가 된다. 그러므로 어깨점의 겹침량에 따라 다양한 칼라를 연출할 수 있다.

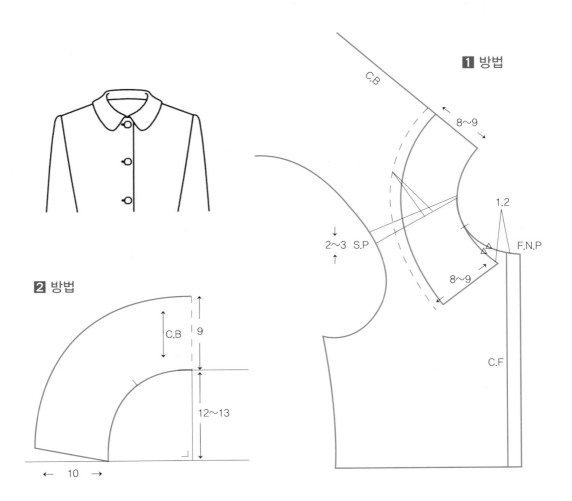

(6) 하이넥 칼라(High Neck Collar) 또는 수티앵(Soutien) 칼라

하이넥 칼라는 전체적으로 세움량으로 구성되어 있는 칼라로서 누임부분이 없는 칼라를 의미한다. 세움량의 높이는 디자인에 따라 증감이 가능하며, 다양한 높낮이로 연출할 수 있다.

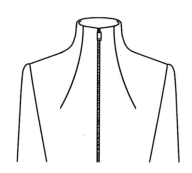

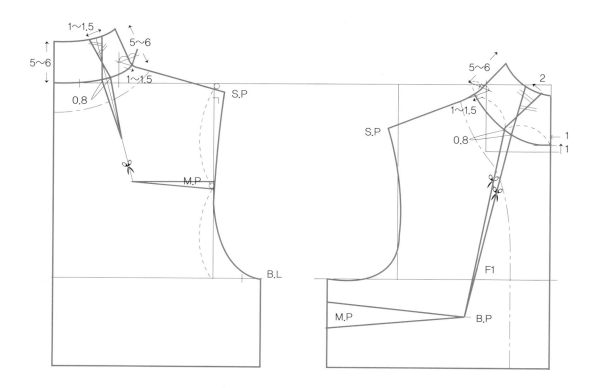

(7) 하프롤 칼라(Half-Roll Collar) 또는 수티앵(Soutien) 칼라

하프롤 칼라는 칼라의 뒷부분에 세움량이 있는 칼라로서 스탠드 칼라의 세움량보다는 적고, 플랫 칼라보다는 조금 많은 형태의 칼라를 총칭한다.

스테인 칼라 또는 수티앵 칼라(Soutein Collar)라는 용어로도 널리 사용되고 있으며, 칼라의 세움(Stand)분이 2~3cm 가량 구성되어 대부분 칼라의 폭이 좁고 끝이 각으로 이루어진 칼라의 형태이다.

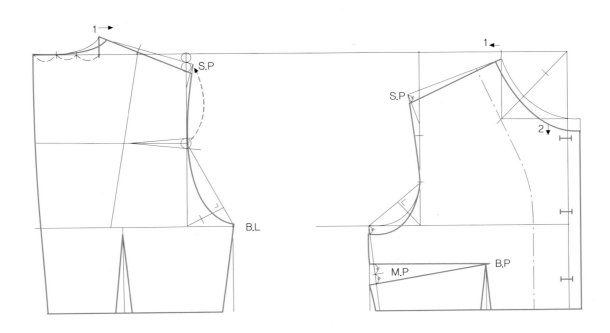

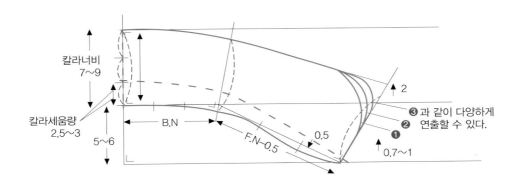

여성복 패턴메이킹

PATTERNMAKING
FOR WOMEN'S
CLOTHES

CHAPTER 7

소매

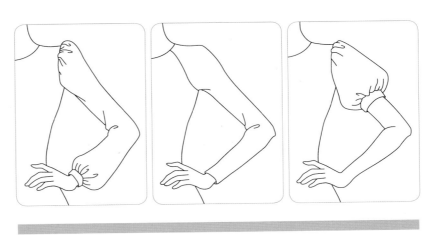

S L E E V E

CHAPTER. 07

소매

소매.

소매는 의복에서 가장 활동량이 많은 팔을 감싸게 되므로 심미적인 요소뿐만 아니라 기능적인 측면에서도 패턴(Pattern) 설계는 매우 중요하다. 소매는 몸판과 연결하여 의복의 조화를 이루도록 해야 한다. 소매길이와 폭, 소매산과 부리, 그리고 몸판과 연결되는 모양에 따라 다양한 디자인을 연출할 수 있다. 또한 소매는 몸판과 분리되지 않고 연결하여 직접 제도설계된 래글런 슬리브나 기모노 슬리브를 볼 수 있을 것이다.

이러한 소매들은 대체로 셋인(Set-in) 슬리브보다는 기능적인 측면에서 편안하고 제작(봉제)의 측면에서도 쉽게 제작할 수 있는 장점을 지니고 있다.

01 소매(Sleeve)의 형태 분류

소매는 몸판(Bodice)과 연결되는 형태로서 크게 세 가지 형태로 분류할 수 있다.

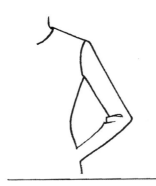
셋인 슬리브(Set-in Sleeve)

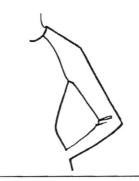
래글런 슬리브(Raglan Sleeve)

기모노 슬리브(Kimono Sleeve)

1. 셋인 슬리브(Set-in Sleeve)

몸판과 슬리브패턴이 각각 분리 제도되어 진동둘레에서 소매(Sleeve)가 달리는 형태이다. 따라서 소매가 분리 제도설계되므로 다양한 소매형태의 디자인 응용이 가능하다.

2. 래글런 슬리브(Raglan Sleeve)

소매(Sleeve)와 목둘레선의 몸판을 지나는 형태의 소매로서 몸판(Bodice)의 일부가 포함된 디자인이다. 래글런 소매는 어깨부위의 일부분이 소매의 이음선 없이 몸판과 연결된 소매이다.

3. 기모노 슬리브(Kimono Sleeve)

소매가 몸판과 연결되어 이음선이 없는 하나의 형태로 이루어진 소매이다. 앞판과 소매, 뒤판과 소매가 각각 연결되어 제도되어 있으므로 소매중심선에 구성선이 형성된다. 형태에 따라 돌먼슬리브, 프렌치슬리브 등이 있다.

02 소매 길이(Sleeve Length)에 따른 분류

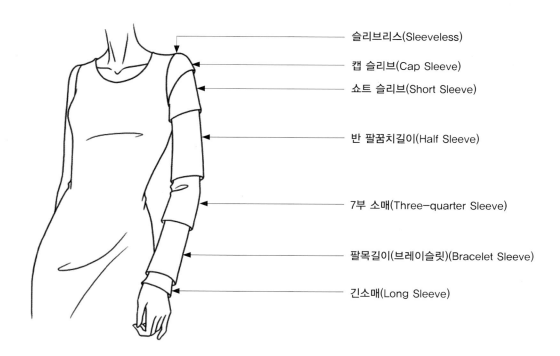

슬리브리스(Sleeveless)
캡 슬리브(Cap Sleeve)
쇼트 슬리브(Short Sleeve)

반 팔꿈치길이(Half Sleeve)

7부 소매(Three-quarter Sleeve)

팔목길이(브레이슬릿)(Bracelet Sleeve)

긴소매(Long Sleeve)

❶ 슬리브리스(Sleeveless) : 소매가 없는 형태로 민소매라고도 한다.

❷ 캡 슬리브(Cap Sleeve) : 어깨에서 약 7~10cm 내려오며 어깨를 덮는 듯한 형태길이

❸ 쇼트 슬리브(Short Sleeve) : 소매길이가 어깨로부터 약 15cm 내려온 짧은 형태길이

❹ 7부 소매(Three-quarter Sleeve) : 팔꿈치와 손목의 중간 길이의 형태길이

❺ 브레이슬릿(Bracelet) : 팔찌를 하는 팔목까지 내려온 형태길이

❻ 긴소매(Long Sleeve) : 손목을 충분히 덮은 형태길이

1. 소매산과 소매폭의 관계

소매산의 높이는 소매길이와 소매안선의 길이의 차로, 소매모양과 기능에 직접적인 영향을 주며 옷의 종류와 디자인에 따라 다르다. 소매산의 높이가 낮으면 팔의 소매안선의 길이가 길어 동작이 편리하게 되며 소매산의 높이가 높으면 동작에는 불편하지만 모양은 좋은 소매가 된다.

03 소매 형태에 따른 명칭

1. 각종 슬리브(Sleeve)의 형태

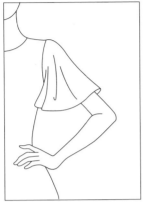

케이프 슬리브
(Cape Sleeve)

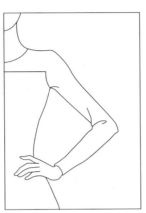

퍼프드 비숍 슬리브
(Puffed Bishop Sleeve)

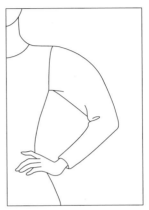

크레센트 슬리브
(Crescent Sleeve)

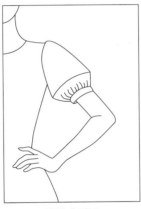

랜턴 슬리브
(Lantern Sleeve)

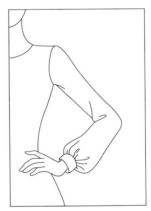

비숍 슬리브
(Bishop Sleeve)

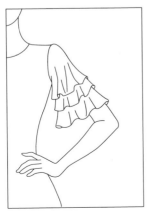

티어드 슬리브
(Tiered Sleeve)

레그오브머튼 슬리브
(Leg of mutton Sleeve)

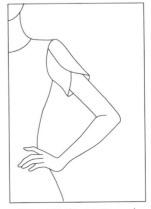

페탈 슬리브(Petal Sleeve) or
튤립 슬리브(Tulip Sleeve)

소매는 인체의 팔을 감싸주는 부분을 말한다. 인체 중에 활동범위가 가장 많은 팔을 감싸게 되므로 기능성과 장식성 및 미적인 관계를 충분히 고려한 의복으로 조화를 이루도록 디자인해야 한다.

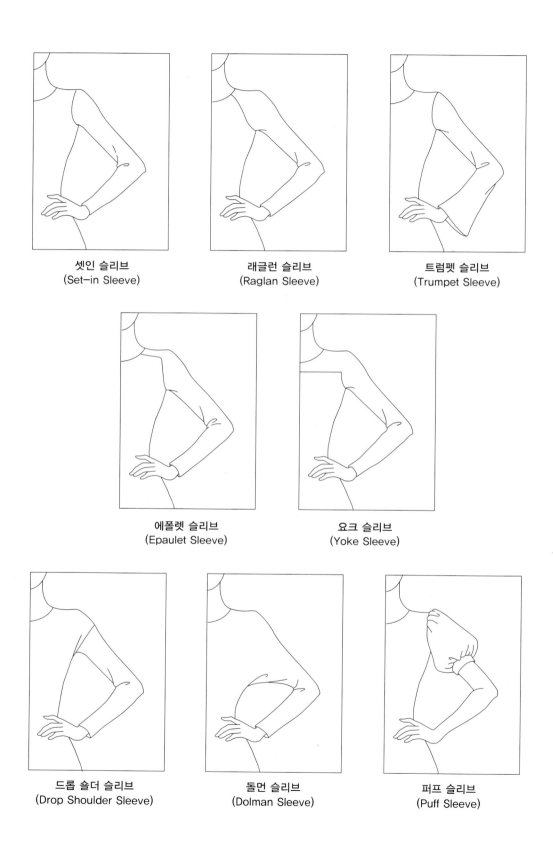

셋인 슬리브
(Set-in Sleeve)

래글런 슬리브
(Raglan Sleeve)

트럼펫 슬리브
(Trumpet Sleeve)

에폴렛 슬리브
(Epaulet Sleeve)

요크 슬리브
(Yoke Sleeve)

드롭 숄더 슬리브
(Drop Shoulder Sleeve)

돌먼 슬리브
(Dolman Sleeve)

퍼프 슬리브
(Puff Sleeve)

04 소매의 각 부위 명칭

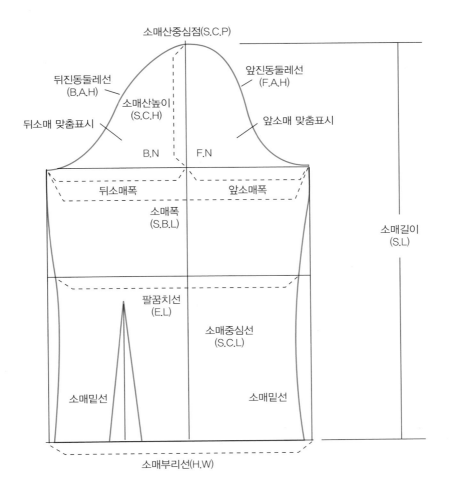

소매 원형 제도에 필요한 약자		
진동둘레	A.H	Arm Hole
앞진동둘레	F.A.H	Front Armhole
뒤진동둘레	B.A.H	Back Armhole
앞소매 맞춤표시	F.N	Front Notch
뒤소매 맞춤표시	B.N	Back Notch
소매산높이	S.C.H	Sleeve Cap Hight
소매폭선	S.B.L	Sleeve Biceps Line
소매산중심점	S.C.P	Sleeve Cap Point
팔꿈치선	E.L	Elbow Line
소매부리선	H.W	Hand Wrist
소매길이	S.L	Sleeve Length

05 각종 소매 제도설계

1. 타이트 슬리브(Fitted Set-In Sleeve or Tight Sleeve)

셋인(Set-in) 슬리브는 몸판과 진동둘레에서 분리된 모든 소매의 총칭이며, 타이트 또는 피티드 슬리브는 팔의 형태에 따라 큰 변형 없이 소매를 제작한 것으로 소매의 원형이라 한다. 그러므로 셋인(Set-in) 슬리브는 몸판(Bodice)과 분리된 소매 패턴을 제도설계하므로 다양한 디자인으로 변형이 가능하다.

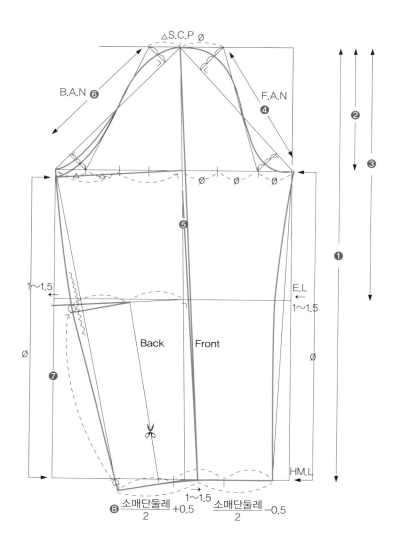

제도설계 순서			
❶ 소매길이(56)	❸ 팔꿈치선 $\frac{소매산}{2}$ +3~4	❺ 중심선(S.C.L) 긋기	❼ 옆선 긋기
❷ 소매산 $\frac{A.H(F.A.H+B.A.H)}{3}$	❹ F.A.H(22)	❻ B.A.H(23cm)	❽ 소매단둘레(소매구)

2. 비숍 슬리브(Bishop Sleeve)

(1) 소매부리에 주름을 넣은 비숍슬리브

비숍슬리브(Bishop Sleeve)는 소매부리에 잔주름을 잡고 커프스를 단 소매이다. 가톨릭 주교가 입는 사제복에서 유래되었다.

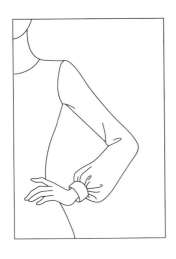

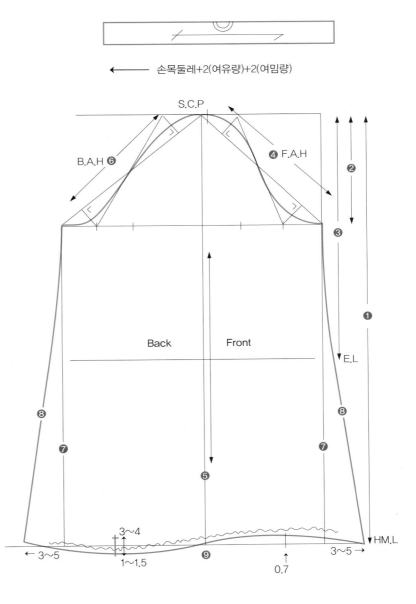

제도설계 순서		
❶ 소매길이−커프스너비+여유량(1~1.5)	❹ F.A.H(22.5)	❼ 옆선 긋기
❷ 소매산 $\dfrac{(F.A.H+B.A.H)}{3}$	❺ 중심선(S.C.L) 긋기	❽ 소매원형의 밑단에서 각각 양옆으로 5cm씩 나가 선 긋기
❸ 팔꿈치선(E.L) $\dfrac{소매길이}{2}$ +3~4	❻ B.A.H(23.5)	❾ 소매산 곡선 그리기

3. 투피스 피티드 슬리브(Two-Piece Fitted Sleeve) A형

두장소매는 소매패턴을 두 장으로 분리 제도설계한 소매로서 한 장으로 제작된 소매보다 더욱 아름다운 형태로 입체감과 기능성이 높은 팔의 형태를 자연스럽게 나타내며 감싸준다. 주로 재킷, 코트 등 정장, 외출용 의복의 제도설계에 많이 활용되는 패턴이다.

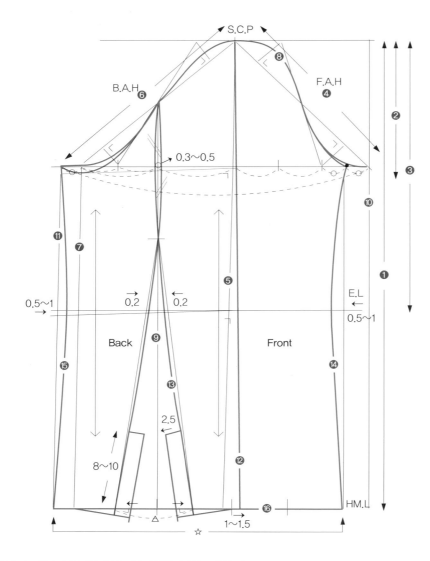

제도설계 적용 치수

- F.A.H 22.5
- B.A.H 23.5
- 소매길이 58
- 소매단둘레 25

제도설계 순서		
❶ 소매길이	❼ 옆선 직선 내려 긋기(기준선)	⓭ 소매 뒤판 절개선 실선 그리기
❷ 소매산 $\frac{F.A.H+B.A.H}{3}$	❽ 소매산 곡선 그리기	⓮ 소매 안선 앞판 실선 그리기
❸ 팔꿈치선 $\frac{소매길이}{2}$ +3~4	❾ 뒤판 절개선 설정 후 직선 내려 긋기	⓯ 소매 안선 뒤판 실선 그리기
❹ F.A.H − 0.5	❿ 앞판 절개선 설정 후 직선 내려 긋기	⓰ 밑단선 그리기
❺ 중심선 직선 내려 긋기(기준선)	⓫ 앞판 소매 절개분량 뒤로 옮겨 붙여 그리기(기준선)	
❻ B.A.H − 0.5	⓬ 중심선 이동(F→)하고 직선 내려 긋기	

Tip

소매부리 계산 방법 : ☆−25(소매부리)=△ 양을 제거하면 구하고자 하는 치수가 된다.

4. 투피스 피티드 슬리브(Two-Piece Fitted Sleeve) B형

소매패턴을 두 장으로 분리 제도설계한 소매는 한 장으로 제작된 소매보다 팔과 같은 아름다운 형태와 입체감을 표현할 수 있는 장점이 있으며 기능성 또한 우수한 제도설계방법이다. 두장소매 제도설계 방법은 다양하게 제시되고 있다. 그러나 아래에 제시된 방법은 제도방법이 쉽고 팔의 형태에 적합하면서 기능성 또한 우수한 제도설계방법 중의 하나인 기본소매의 제도를 응용한 방법이다.

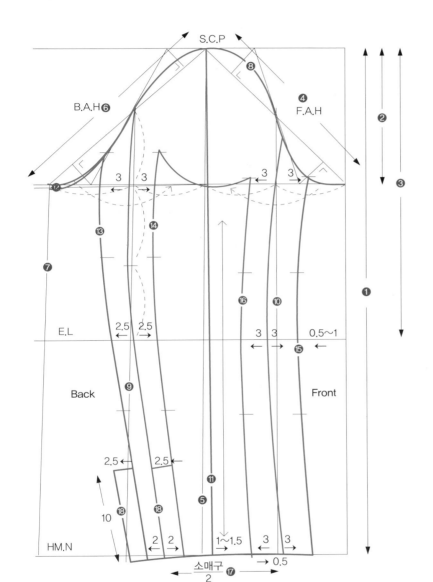

제도설계 적용 치수

- F.A.H 22.5
- B.A.H 23.5
- 소매길이 58
- 소매단둘레(소매구) 25

제도설계 순서		
❶ 소매길이	❼ 옆선 직선 내려 긋기(기준선)	⑬ 소매 뒤판 절개선 실선 긋기(大)
❷ 소매산 $\dfrac{F.A.H+B.A.H}{3}$	❽ 소매산 곡선 그리기	⑭ 소매 뒤판 절개선 실선 긋기(小)
❸ 팔꿈치선 $\dfrac{소매길이}{2}$ +3~4	❾ 뒤판 절개선 설정 후 직선 내려 긋기	⑮ 소매 앞판 절개선 실선 긋기(大)
❹ F.A.H − 0.5	❿ 앞판 절개선 설정 후 직선 내려 긋기	⑯ 소매 앞판 절개선 실선 긋기(小)
❺ 중심선 직선 내려 긋기(기준선)	⓫ 중심선 이동(F→)하고 직선 내려 긋기	⑰ 소매 밑단 치수 설정 후 선 긋기
❻ B.A.H − 0.5	⓬ 소매산 재정리(곡선 긋기)	⑱ 소매 밑단 트임

5. 크레슨트 슬리브(Crescent Sleeve)

이 소매(Sleeve)는 안쪽이 직선이고 바깥쪽은 곡선으로 만든 소매이며, 소매의 정면에서 관찰했을 때 마치 실루엣이 초승달처럼 보인다 하여 크레슨트 슬리브(Crescent Sleeve)라고 한다.

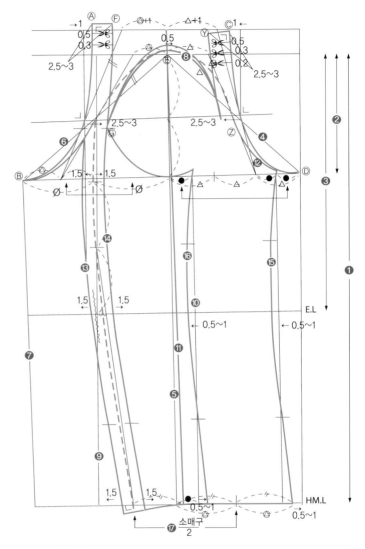

제도설계 순서

❶ 소매길이(S.L)(58)

❷ 소매산높이 $\dfrac{A.H(F.A.H+B.A.H)}{3}$

❸ 팔꿈치선 $\dfrac{소매길이}{2}+3\sim4$

❹ 앞암홀(F.A.H)

❺ 뒤암홀(B.A.H)

제도설계 순서

❶ 소매길이	❼ 옆선 직선 내려 긋기(기준선)	⑬ 소매 뒤판 절개선 실선 긋기(大)
❷ 소매산 $\dfrac{F.A.H+B.A.H}{3}$	❽ 소매산 곡선 그리기	⑭ 소매 뒤판 절개선 실선 긋기(小)
❸ 팔꿈치선 $\dfrac{소매길이}{2}+3\sim4$	❾ 뒤판 절개선 설정 후 직선 내려 긋기	⑮ 소매 앞판 절개선 실선 긋기(大)
❹ F.A.H − 0.5	❿ 앞판 절개선 설정 후 직선 내려 긋기	⑯ 소매 앞판 절개선 실선 긋기(小)
❺ 중심선 직선 내려 긋기(기준선)	⑪ 중심선 이동(F→)하고 직선 내려 긋기	⑰ 소매 밑단 치수 설정 후 선 긋기
❻ B.A.H − 0.5	⑫ 소매산 재정리(곡선 긋기)	

Tip

1) A~B까지의 길이는 디자인에 따른 뒤판몸판패턴의 뒤암홀길이이고, C~D까지의 길이는 디자인에 따른 패턴 앞판의 암홀길이이다.

2) 소매산의 F~G와 E~G의 길이가 같고, 소매산의 E~Z와 Z~Y의 길이가 같으나, 소재에 따라 이즈(Ease)량을 증감할 수 있다.

6. 래글런 슬리브(Raglan Sleeve)

래글런 슬리브(Raglan Sleeve)는 길의 일부분이 소매에 연결되어 목선에서부터 소매선이 형성된 디자인으로 길(몸판)에 소매(Sleeve)를 붙여 제도설계를 한다.

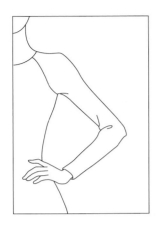

> **Tip**
>
> ### 래글런 슬리브 각도 설정방법
>
> [Back]
> - S.P(어깨점)에서 1.5cm 나간 후 뒤중심선과 평행선을 긋고 그 선과 직각이 되게 하여 각 이등분한다.
> - 꼭짓점과 이등분점을 직선으로 연결한 후 소매길이를 설정한다.
>
> [Front]
> - S.P(어깨점)에서 1.5cm 나간 후 앞중심선과 평행선을 긋고 그 선과 직각이 되게 하여 각 이등분한다.
> - 꼭짓점과 이등분점을 직각으로 연결한 후 소매길이를 설정한다.

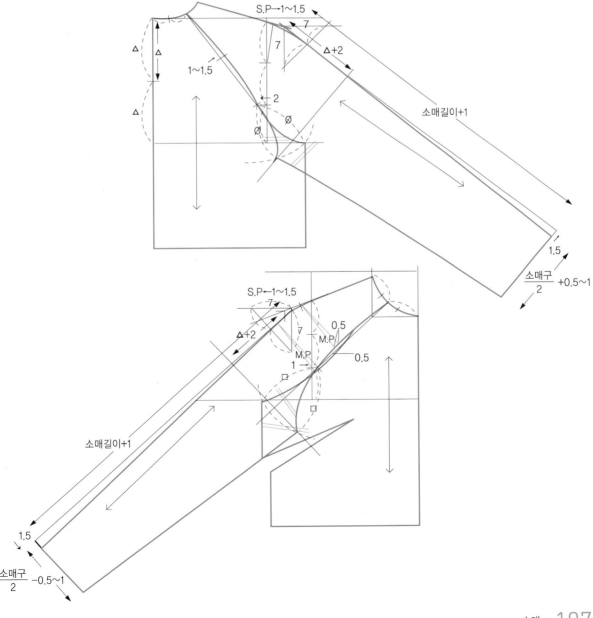

7. 몸판과 소매의 연결: 맞춤표(Notch) 넣는 방법

(1) 몸판(Bodice)의 맞춤표 넣는 방법

몸판에 맞춤표를 넣을 때에는 앞판, 뒤판의 암홀(A.H)의 어깨점(S.P)에서 약 10cm 내려온 지점에 한 개의 맞춤표(Notch)를 넣고 그 밑부분을 이등분한 위치에 한 개의 맞춤표를 더 넣어 준다.

(2) 소매(Sleeve)의 맞춤표 넣는 방법

소매에 맞춤표(Notch)를 넣을 때에는 앞판 암홀(F.A.H)의 가운데(B) 부분에는 약 0.3cm의 이즈(Ease)량을 넣어주고 뒤판 암홀(B.A.H)의 가운데(B) 부분에는 약 0.3cm의 이즈량을 넣어준다.

그리고 소매의 가장 아랫부분인 겨드랑이의 암홀부분은 옷감이 바이어스인 관계로 늘어나게 된다. 그러므로 겨드랑이점 앞 암홀부분 (D)와 소매의 (C)부분, 뒤 암홀 아랫부분 (D)와 소매의 (C)부분을 홈질하여 자리잡은 후에 제작하면 더욱 아름다운 태를 가질 수 있다.

※ 몸판의 겨드랑이와 소매의 겨드랑이 부분을 늘어나지 않게 자리잡음을 위한 홈질로 고정한다.(C.D)

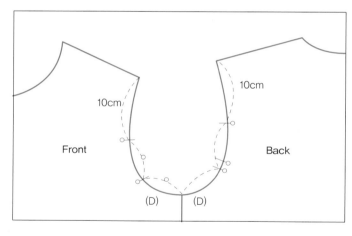

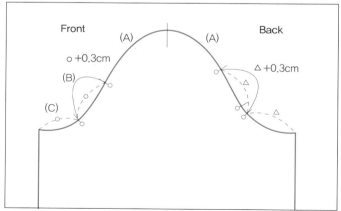

여 성 복   패 턴 메 이 킹

PATTERNMAKING

FOR WOMEN'S

CLOTHES

블라우스

CHAPTER. 08

블라우스

블라우스.

블라우스는 로마네스크 시대의 농민들이 착용했던 작업복인 블리오(Bliaud)와 프랑스의 노동자가 착용한 블루즈(Blouse)에서 유래가 되었다는 설이 있다.

또한 블라우스는 밑단을 스커트나 슬랙스 허리에 넣어 착용했을 때 생기는 처짐이 블라우징(Blousing)된 데서 명칭이 붙여졌다는 유래도 있다. 이러한 블라우스는 남녀노소를 막론하고 상반신에 착용하는 의복으로서 현대생활에 적합하고 기능성 있는 의복이 되었다.

블라우스는 착용목적에 따라 겉옷과 조화를 고려하여 착용해야 하며 최소한의 비용으로 스커트나 슬랙스 재킷 등과 함께 착용할 수 있는 효율성과 활용도가 높은 의복의 아이템 중 하나이다.

컨버터블 칼라 블라우스
Convertible Collar Blouse

1. 컨버터블 칼라 블라우스 제도설계

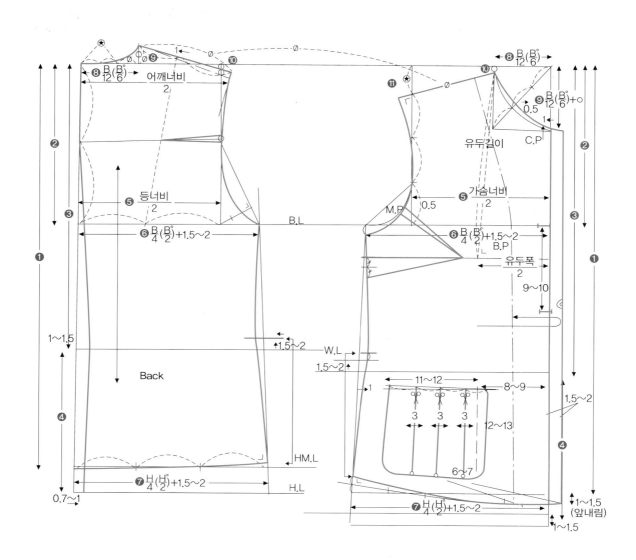

적용 치수	제도설계 순서	
	뒤판(Back)	앞판(Front)
· 어깨너비 37	❶ 블라우스길이(56)	❶ 블라우스길이(56)+차이치수(53)
· 소매길이 27	❷ 진동깊이 $\frac{B}{4}(\frac{B°}{2})$	❷ 진동깊이 $\frac{B}{4}(\frac{B°}{2})$
· 등너비 35	❸ 등길이(38)	❸ 앞길이(등길이+차이치수)
· 등길이 37	❹ 엉덩이길이(H.L) → 허리선(W.L)에서 18~20 내려줌	❹ 엉덩이길이(H.L) → 허리선(W.L)에서 18~20 내려줌
· 블라우스길이 56	❺ $\frac{등너비}{2}$	❺ $\frac{가슴너비}{2}$
· 가슴너비 33	❻ 가슴둘레 $\frac{B}{4}(\frac{B°}{2})$+1.5~2	❻ 가슴둘레 $\frac{B}{4}(\frac{B°}{2})$+1.5~2
· 유두너비 18	❼ 엉덩이둘레 $\frac{H}{4}(\frac{H°}{2})$+1.5~2	❼ 엉덩이둘레 $\frac{H}{4}(\frac{H°}{2})$+1.5~2
· 유두길이 24	❽ 목둘레 $\frac{B}{12}(\frac{B°}{6})$	❽ 목둘레 $\frac{B}{12}(\frac{B°}{6})$ 가로
· 앞길이	❾ 목둘레 $(\frac{B}{12})$의 $\frac{1}{3}$ 양	❾ 목둘레 $(\frac{B}{12})$의 $\frac{1}{3}$+○ 뒤판 ❾의 $\frac{1}{3}$ 양
· 뒤판가슴둘레 84	❿ ❾지점과 등너비점에서 $\frac{1}{3}$ 양 내린 후 직선 연결	❿ ❿B의 $\frac{1}{3}$ 양과 ⓫B의 ❽의 $\frac{1}{3}$ 양의 통치수 이동
· 엉덩이둘레 92		

2. 컨버터블 칼라 블라우스 칼라 제도설계

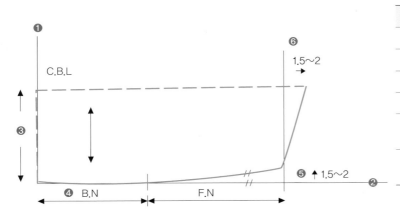

제도설계 순서
❶ 직각선(C.B.L)을 긋는다.
❷ N.L선을 긋는다.
❸ 칼라너비 7~9를 적용한다.
❹ ❸에서 B.N과 F.N의 치수를 적용한다.
❺ F.N점에서 1.5~2를 올려 목선을 곡선으로 정리한다.
❻ 칼라 외곽선에서 1.5~2를 C.F.L 쪽으로 내어 그린다.

3. 컨버터블 칼라 블라우스 소매 제도설계

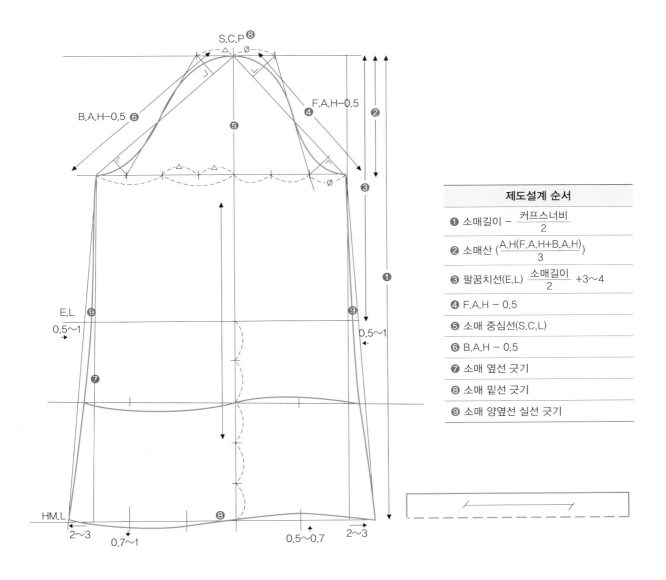

제도설계 순서
❶ 소매길이 − $\dfrac{\text{커프스너비}}{2}$
❷ 소매산 $\left(\dfrac{\text{A.H(F.A.H+B.A.H)}}{3}\right)$
❸ 팔꿈치선(E.L) $\dfrac{\text{소매길이}}{2}$ +3~4
❹ F.A.H − 0.5
❺ 소매 중심선(S.C.L)
❻ B.A.H − 0.5
❼ 소매 옆선 긋기
❽ 소매 밑선 긋기
❾ 소매 양옆선 실선 긋기

세일러 칼라 블라우스
Sailor Collar Blouse

1. 세일러 칼라 블라우스 제도설계

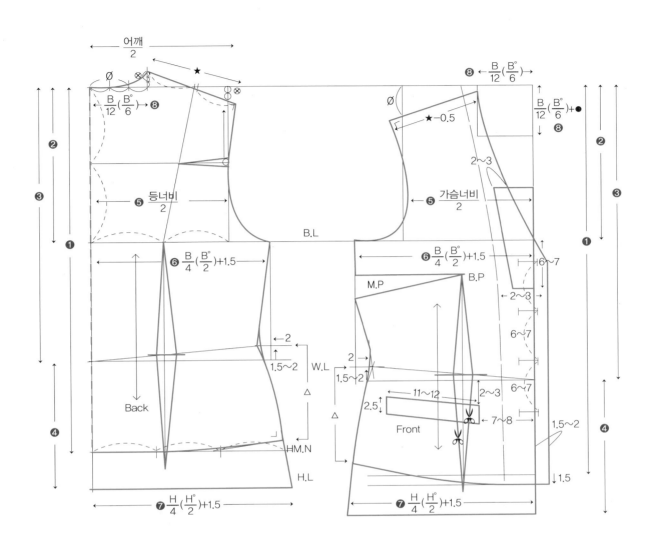

제도설계 순서			
뒤판(Back)		**앞판(Front)**	
❶ 블라우스길이(50)	❺ $\dfrac{\text{등너비}}{2}$	❶ 블라우스길이+차이치수(53)	❺ $\dfrac{\text{가슴너비}}{2}$
❷ 진동깊이 $\dfrac{B}{4}(\dfrac{B°}{2})$	❻ $\dfrac{B}{4}(\dfrac{B°}{2})+1.5$	❷ 진동깊이 $\dfrac{B}{4}(\dfrac{B°}{2})$	❻ $\dfrac{B}{4}(\dfrac{B°}{2})+1.5\sim2$
❸ 등길이(38)	❼ $\dfrac{H}{4}(\dfrac{H°}{2})+1.5$	❸ 앞길이(등길이+차이치수)(41)	❼ $\dfrac{H}{4}(\dfrac{H°}{2})+1.5\sim2$
❹ 엉덩이길이(L.H) → 허리선(W.L)에서 18~20 내려줌	❽ 목둘레 $\dfrac{B}{12}(\dfrac{B°}{6})$	❹ 엉덩이길이(L.H) → 허리선(W.L)에서 18~20 내려줌	❽ 목둘레 $\dfrac{B}{12}(\dfrac{B°}{6})$ (가로), $\dfrac{B}{12}(\dfrac{B°}{6})+●$ (세로)

2. 세일러 칼라 블라우스 칼라 및 소매 제도설계

세일러 칼라는 플랫 칼라(Flat Collar)의 일종으로 칼라의 세움량이 없이 몸판(Bodice)에 따라 누워있는 형태의 칼라이다. 제도방법은 제도되어 있는 몸판(Bodice)을 잘라 앞판과 뒤판의 어깨선을 적당히 겹쳐서 제도설계한다. 이때 겹침량에 따라 칼라의 세움량을 조절하여 플랫이나 프릴 또는 목선의 세움량이 형성되는 스탠드분량을 조절 사용할 수 있다.

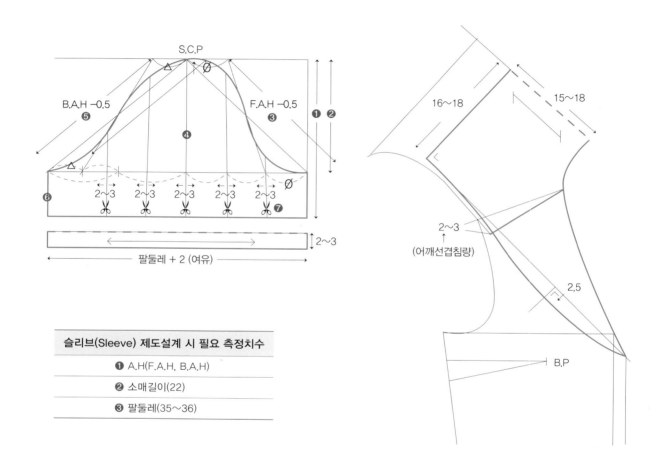

슬리브(Sleeve) 제도설계 시 필요 측정치수

❶ A.H(F.A.H, B.A.H)

❷ 소매길이(22)

❸ 팔둘레(35~36)

슬리브(Sleeve) 제도설계 순서			
적용 치수	**제도설계 순서**		
• F.A.H 22.5	❶ 소매길이	❺ A.H(F.A.H, B.A.H)	
• B.A.H 23.5	❷ 소매산 $\dfrac{A.H(F.A.H+B.A.H)}{3}$	❻ 소매 안선 내려 긋기	
• 소매길이 25	❸ F.A.H − 0.5	❼ 셔링분량 넣을 위치 설정 후 절개법 제시	
• 소매단둘레(팔둘레) 35~36	❹ 중심선 내려 긋기		

3. 세일러 칼라 블라우스 패턴 배치도

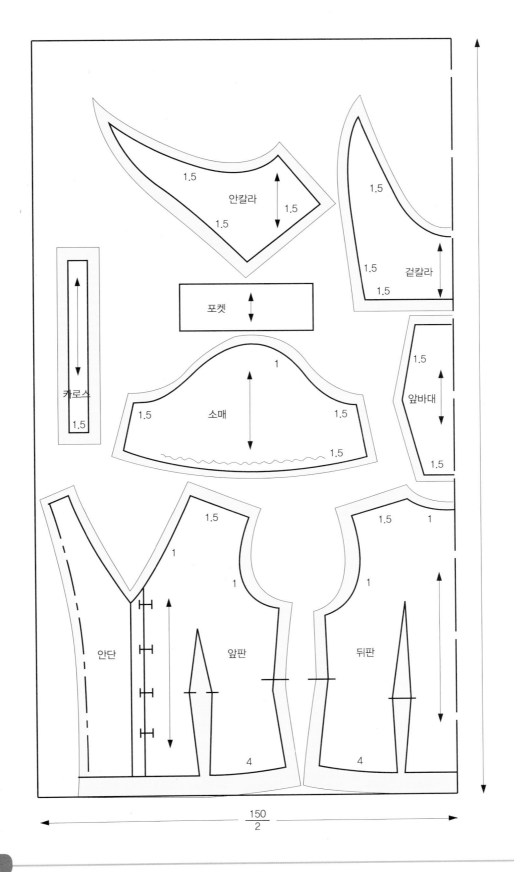

Tip

블라우스와 같이 소재가 얇은 옷감일 때는 앞판 안단을 몸판(F)과 붙여서 재단하는 것이 효율적이다.

1. 스탠드 칼라 블라우스 제도설계

스탠드 칼라 목둘레는 손가락 2~3개 넣을 수 있는 여유를 가지고 제작이 되어야 하며, 옆목점과 앞중심점에서 0.5~0.8cm 정도 넓힌 후 제도설계를 해야 착용감과 디자인이 적합하여 심미성이 높다.

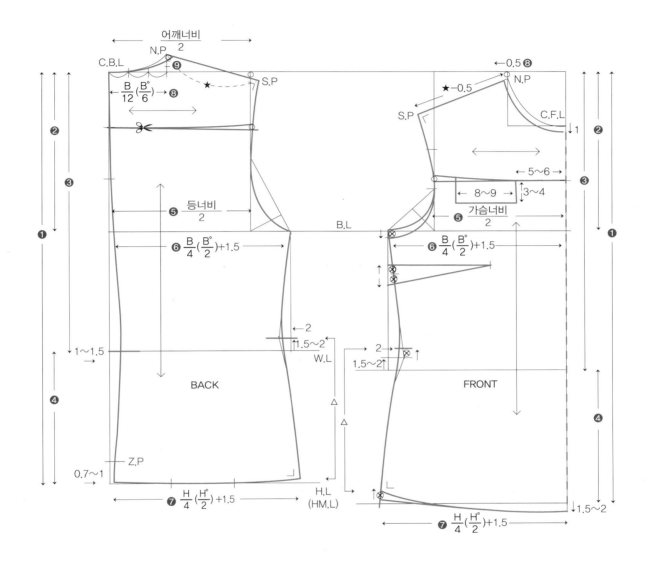

제도설계 순서			
뒤판(Back)		**앞판(Front)**	
❶ 블라우스길이(53)	❺ $\dfrac{\text{등너비}}{2}$	❶ 블라우스길이+차이치수(56)	❺ $\dfrac{\text{가슴너비}}{2}$
❷ 진동깊이 $\dfrac{B}{4}\left(\dfrac{B^\circ}{2}\right)$	❻ $\dfrac{B}{4}\left(\dfrac{B^\circ}{2}\right)+1.5$	❷ 진동깊이 $\dfrac{B}{4}\left(\dfrac{B^\circ}{2}\right)$	❻ $\dfrac{B}{4}\left(\dfrac{B^\circ}{2}\right)+1.5\sim2$
❸ 등길이(38)	❼ $\dfrac{H}{4}\left(\dfrac{H^\circ}{2}\right)+1.5$	❸ 앞길이(등길이+차이치수) (41)	❼ $\dfrac{H}{4}\left(\dfrac{H^\circ}{2}\right)+1.5\sim2$
❹ 엉덩이길이(L.H) → 허리선(W.L)에서 18~20 내려줌	❽ $\dfrac{B}{12}\left(\dfrac{B^\circ}{6}\right)$	❹ 엉덩이길이(L.H) → 허리선(W.L)에서 18~20 내려줌	❽ 목둘레 $\dfrac{B}{12}\left(\dfrac{B^\circ}{6}\right)$ (가로), $\dfrac{B}{12}\left(\dfrac{B^\circ}{6}\right)+$ ○(세로)

2. 스탠드 칼라 블라우스 칼라 및 소매 제도설계

제도설계 적용 치수

- B.N
- F.N
- 칼라너비

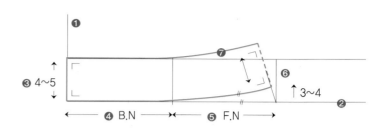

소매(Sleeve) 제도설계 순서
❶ 소매길이(57) (소매길이−커프스너비(5)+여유량 1~1.5)
❷ 소매산 ($\frac{A.H(F.A.H+B.A.H)}{3}$)
❸ 팔꿈치선 $\frac{소매길이}{4}$ +3~4
❹ F.A.H(22)
❺ 중심선 긋기
❻ B.A.H(23)
❼ 소매 안선 내려 긋기(기준선)
❽ 소매산 그리기
❾ 소매단 둘레(20) 중심선 이동
❿ 소매 안선 그리기(실선)
⓫ 밑단선 그리기

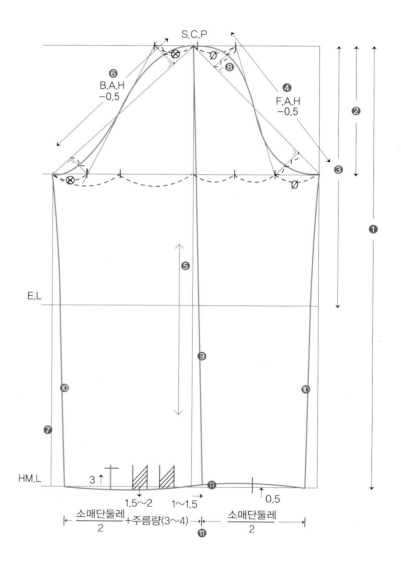

제도설계 적용 치수

- F.A.H 22.5
- B.A.H 23.5
- 소매길이 57
- 커프스둘레 20
- 커프스너비 3~4

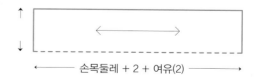

1. 셔츠 칼라 블라우스 제도설계

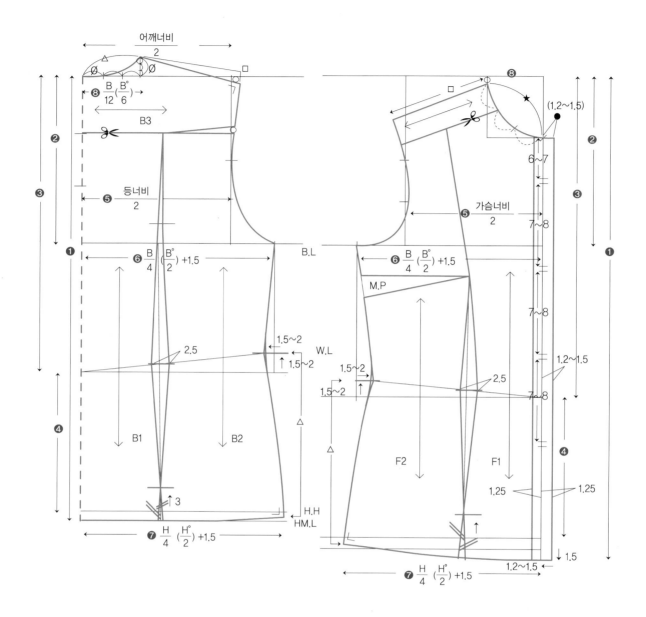

제도설계 순서			
뒤판(Back)		**앞판(Front)**	
❶ 블라우스길이(57)	❺ $\dfrac{\text{등너비}}{2}$	❶ 블라우스길이+차이치수(60)	❺ $\dfrac{\text{가슴너비}}{2}$
❷ 진동깊이 $\dfrac{B}{4}(\dfrac{B°}{2})$	❻ $\dfrac{B}{4}(\dfrac{B°}{2})+1.5$	❷ 진동깊이 $\dfrac{B}{4}(\dfrac{B°}{2})$	❻ $\dfrac{B}{4}(\dfrac{B°}{2})+1.5\sim2$
❸ 등길이(38)	❼ $\dfrac{H}{4}(\dfrac{H°}{2})+1.5$	❸ 앞길이(등길이+차이치수) (41)	❼ $\dfrac{H}{4}(\dfrac{H°}{2})+1.5\sim2$
❹ 엉덩이길이(H.L) → 허리선(W.L)에서 18~20 내려줌	❽ $\dfrac{B}{12}(\dfrac{B°}{6})$	❹ 엉덩이길이(H.L) → 허리선(W.L)에서 18~20 내려줌	❽ 목둘레 $\dfrac{B}{12}(\dfrac{B°}{6})$ (가로), $\dfrac{B}{12}(\dfrac{B°}{6})+$ ● (세로)

2. 셔츠 칼라 블라우스 칼라 및 소매 제도설계

제도설계 적용 치수

- B.N 8.5(△)
- F.N 10.5(☆)
- 낸단(여밈량) 1.2(●)
- A.H(F.A.H, B.A.H)
  F.A.H 22
  B.A.H 23
- 소매길이 58
- 손목둘레 18
- 커프스너비 5

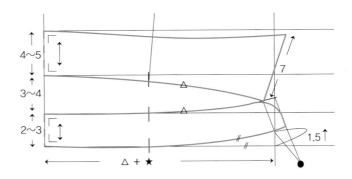

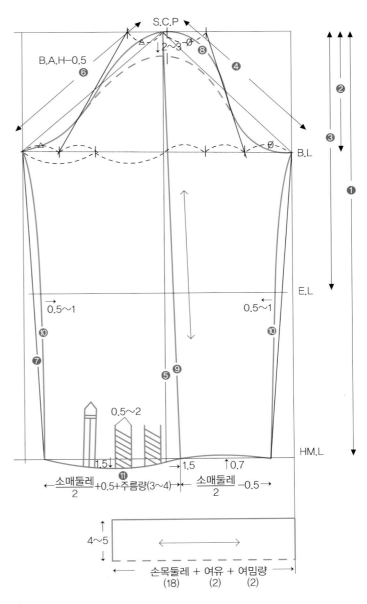

소매(Sleeve) 제도설계 순서
❶ 소매길이−커프스너비+여유량+2~3 (소매산의 커팅량)
❷ 소매산($\frac{A.H(F.H.B)}{3}$) − 2~3
❸ 팔꿈치선 $\frac{소매길이}{4}$ + 3~4
❹ F.A.H(22)
❺ 중심선 긋기
❻ B.A.H(23)
❼ 소매 안선 내려 긋기
❽ 소매산 그리기
❾ 중심선 이동
❿ 소매 안선 그리기(실선)
⓫ 손목둘레 설정

Tip

소매(Sleeve) 제도설계

소매산의 높이를 ($\frac{A.H(F.H.B)}{3}$) 설정 후에 2~3를 낮추어 제거해준다.(Shirt Sleeve에서)

1. 프릴 칼라 블라우스 제도설계

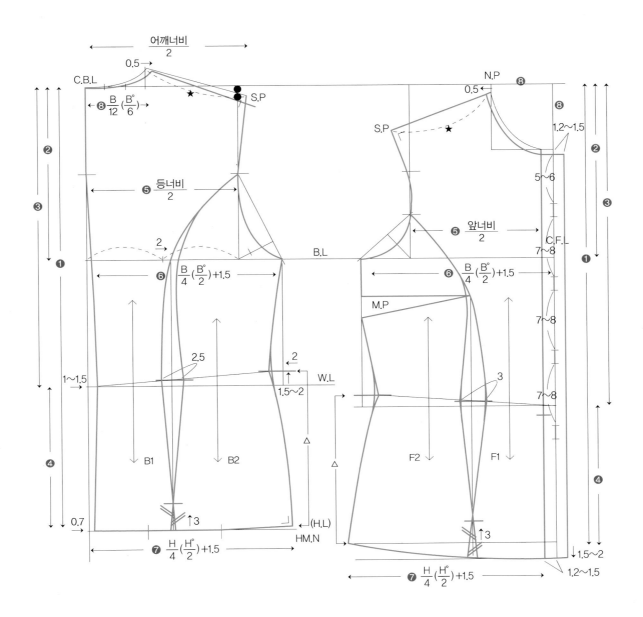

제도설계 순서			
뒤판(Back)		**앞판(Front)**	
❶ 블라우스길이(56)	❺ $\dfrac{\text{등너비}}{2}$	❶ 블라우스길이+차이치수(60)	❺ $\dfrac{\text{가슴너비}}{2}$
❷ 진동깊이 $\dfrac{B}{4}(\dfrac{B^\circ}{2})$	❻ $\dfrac{B}{4}(\dfrac{B^\circ}{2})+1.5$	❷ 진동깊이 $\dfrac{B}{4}(\dfrac{B^\circ}{2})$	❻ $\dfrac{B}{4}(\dfrac{B^\circ}{2})+1.5\sim2$
❸ 등길이(38)	❼ $\dfrac{H}{4}(\dfrac{H^\circ}{2})+1.5$	❸ 앞길이(등길이+차이치수) (41)	❼ $\dfrac{H}{4}(\dfrac{H^\circ}{2})+1.5\sim2$
❹ 엉덩이길이(L.H) → 허리선(W.L)에서 18~20 내려줌	❽ 목둘레 $\dfrac{B}{12}(\dfrac{B^\circ}{6})$	❹ 엉덩이길이(L.H) → 허리선(W.L)에서 18~20 내려줌	❽ 목둘레 $\dfrac{B}{12}(\dfrac{B^\circ}{6})$ (가로), $\dfrac{B}{12}(\dfrac{B^\circ}{6})+●$(세로)

2. 프릴 칼라 블라우스 프릴 칼라 및 소매 제도설계

프릴(Frill)은 디자인에 따라 프릴너비와 길이를 설정 절개법을 이용하여 프릴양을 3~5cm의 너비로 벌려 그려준다. 이때 프릴너비와 프릴분량은 디자인에 따라 증감할 수 있다.

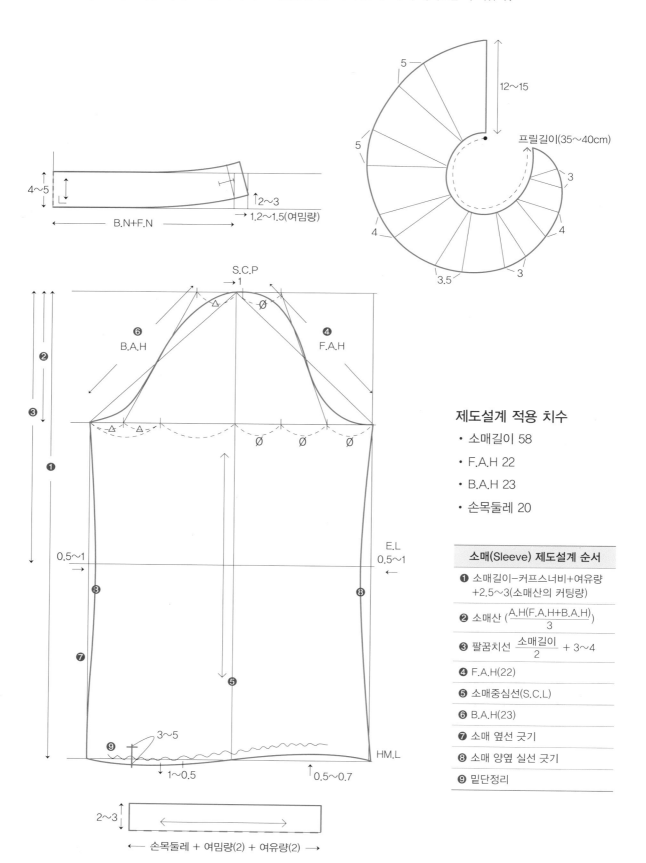

제도설계 적용 치수

- 소매길이 58
- F.A.H 22
- B.A.H 23
- 손목둘레 20

소매(Sleeve) 제도설계 순서
❶ 소매길이−커프스너비+여유량 +2.5~3(소매산의 커팅량)
❷ 소매산 ($\frac{A.H(F.A.H+B.A.H)}{3}$)
❸ 팔꿈치선 $\frac{소매길이}{2}$ + 3~4
❹ F.A.H(22)
❺ 소매중심선(S.C.L)
❻ B.A.H(23)
❼ 소매 옆선 긋기
❽ 소매 양옆 실선 긋기
❾ 밑단정리

하프롤 칼라 블라우스
Halfroll Collar Blouse

1. 하프롤 칼라 블라우스 제도설계

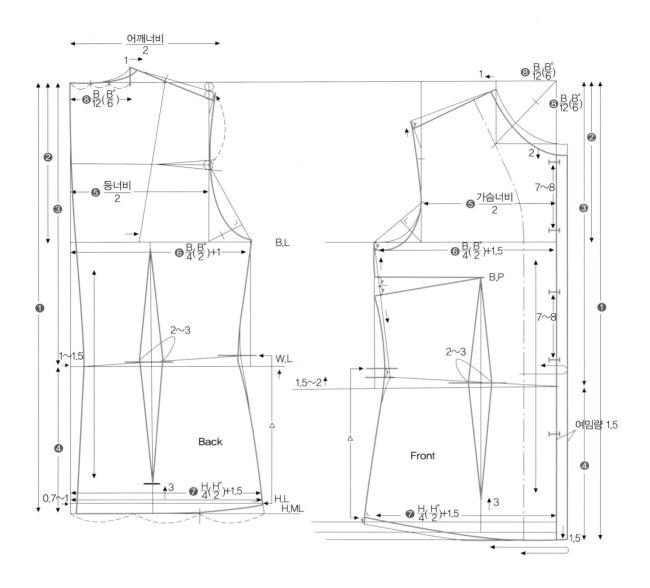

제도설계 순서			
뒤판(Back)		**앞판(Front)**	
❶ 블라우스길이(58)	❺ $\dfrac{\text{등너비}}{2}$	❶ 블라우스길이(60)	❺ $\dfrac{\text{가슴너비}}{2}$
❷ 진동깊이 $\dfrac{B}{4}\left(\dfrac{B^\circ}{2}\right)$	❻ $\dfrac{B}{4}\left(\dfrac{B^\circ}{2}\right)+1.5$	❷ 진동깊이 $\dfrac{B}{4}\left(\dfrac{B^\circ}{2}\right)$	❻ $\dfrac{B}{4}\left(\dfrac{B^\circ}{2}\right)+1.5\sim2$
❸ 등길이(38)	❼ $\dfrac{H}{4}\left(\dfrac{H^\circ}{2}\right)+1.5$	❸ 앞길이(등길이+차이치수) (41)	❼ $\dfrac{H}{4}\left(\dfrac{H^\circ}{2}\right)+1.5\sim2$
❹ 엉덩이길이(L.H) → 허리선(W.L)에서 18~20 내려줌	❽ 목둘레 $\dfrac{B}{12}\left(\dfrac{B^\circ}{6}\right)$	❹ 엉덩이길이(L.H) → 허리선(W.L)에서 18~20 내려줌	❽ 목둘레 $\dfrac{B}{12}\left(\dfrac{B^\circ}{6}\right)$

2. 하프롤 칼라 블라우스 칼라 제도설계

제도설계 적용 치수

• FN 13.5

• BN 9.5

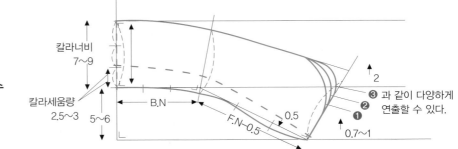

3. 하프롤 칼라 블라우스 소매 제도설계

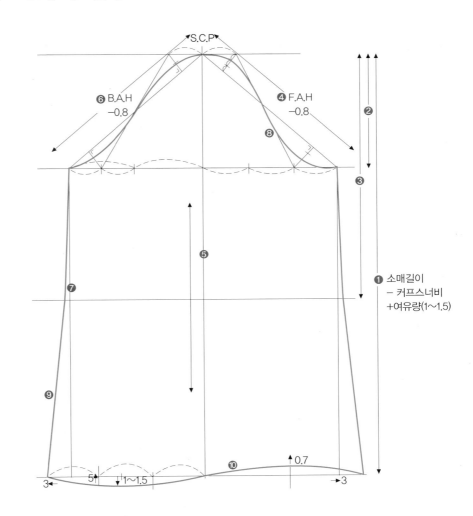

제도설계 적용 치수

• F.A.H 21.5

• B.A.H 22.5

• 소매길이 59

• 손목둘레 19

• 커프스너비 4

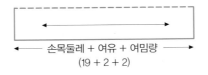

손목둘레 + 여유 + 여밈량

(19 + 2 + 2)

여성복 패턴메이킹

PATTERNMAKING
FOR WOMEN'S
CLOTHES

스커트

스커트

스커트.

스커트는 하반신을 감싸주는 의복으로 여성복 중에 가장 오랜 역사를 가지고 있고, 현대까지 이어지고 있는 의복이며 여성들이 즐겨 착용하는 의복으로 자리매김하고 있다.

스커트는 그 시대의 사회상황이나 생활양식의 변화를 반영하는 대표적인 의복으로서 다양한 디자인으로 길이, 폭, 소재 등의 변화가 반복되어 나타나고 있다.

일상생활 속에서 일반적으로 착용되는 스커트는 기본적인 동작이나 활동에 적합한 심미성이 높은 디자인과 여유량이 요구된다.

01 스커트 길이에 따른 명칭

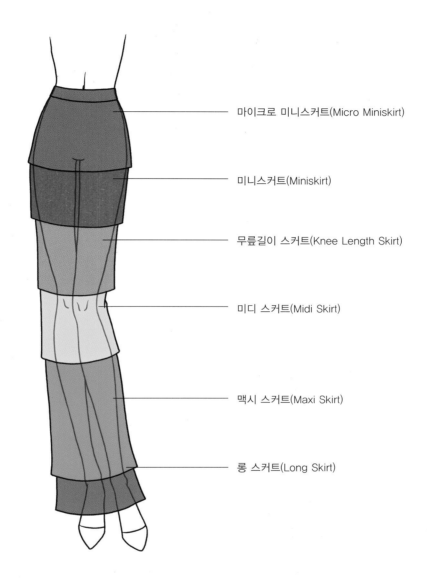

마이크로 미니스커트(Micro Miniskirt)

미니스커트(Miniskirt)

무릎길이 스커트(Knee Length Skirt)

미디 스커트(Midi Skirt)

맥시 스커트(Maxi Skirt)

롱 스커트(Long Skirt)

❶ 마이크로 미니스커트 : 속옷만 가릴 정도의 짧은 길이의 스커트를 말한다.

❷ 미니스커트 : 1960년대 유행했던 무릎에서 30~40cm 올라간 짧은 길이의 스커트이다.

❸ 무릎길이 스커트 : 무릎에서 약 5cm 정도 내려오는 스커트로서 샤넬라인 또는 스트리트 렝스 스커트라고도 부른다.

❹ 미디 스커트 : 샤넬라인과 맥시라인의 중간 길이로 1960년대 후반에서 1970년대에 유행하였다.

❺ 맥시 스커트 : 발목까지 오는 길이로서 그래니 또는 포멀 스커트라고도 한다.

❻ 롱 스커트 : 발뒤꿈치까지 내려오는 긴 스커트로서 때로는 맥시스커트와 혼용하여 포멀 스커트라고도 부른다.

02 스커트 형태에 따른 명칭

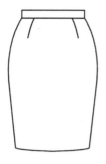

타이트 스커트
(Tight Skirt)

힙에 여유가 적으면서 밑단을 향해 직선 또는 밑단에서 약간 좁아지는 실루엣으로. 보행할 때나 계단을 오르내릴 때 운동량이 적기 때문에 별도의 운동량이 필요하다.

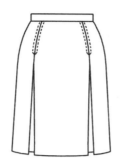

인버티드 플리츠 스커트
(Inverted Pleats Skirt)

주름선을 서로 맞붙인 듯한 플리츠가 들어간 스커트이며. 뒤중심 또는 밑단 등 운동량으로도 많이 사용되는 디테일이다.

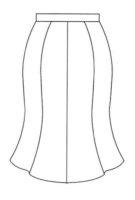

고어드 스커트
(Gored Skirt)

몇 장의 삼각형으로 절개. 구성되었으며 장수에 따라 변화를 다양하게 줄 수 있다.

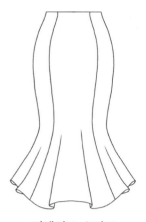

머메이드 스커트
(Mermaid Skirt)

고어드 스커트의 일종이며 힙라인 부근이 몸에 꼭 맞게 되었으며 밑단 부분은 꼬리와 지느러미처럼 벌어지는 스커트이다.

세미타이트 스커트
(Semi-Tight Skirt)

타이트 스커트와 같이 스커트의 기본이 되는 형태로서 몸에 맞게 하면서 밑단 부근은 보행에 불편함이 없을 정도의 여유를 두고 제작된 형태이다.

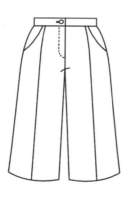

퀼로트 스커트
(Culotte Skirt)

프랑스어로 반바지를 뜻하며 디바이디드 스커트라고도 한다. 여성의 승마용 스커트로 고안되었으나 최근에는 스포츠웨어에서 외출복까지 광범위하게 착용되고 있다.

티어드 스커트
(Tiered Skirt)

몇 층이 되게 절개하여 개더를 잡은 스커트이며 밑단 쪽으로 갈수록 분량이 많아지면서 폭이 넓은 실루엣이 된다.

개더 스커트
(Gathered Skirt)

플레어 스커트에서 개더를 넣어 준 스커트이다.

드레이프 페그드 스커트
(Drape Pegged Skirt)

허리에서 턱을 잡고 힙 부
근에서 드레이프를 주어 볼
륨감을 준 실루엣의 스커트
이다.

서큘러/플레어 스커트
(Circular/Flare Skirt)

허리만 피트시킨 형태로서
움직임이 자유로운 실루엣
의 스커트이다.

어시메트릭 스커트
(Asymmetric Skirt)

허리선만 피트시킨 실루엣
이며 프릴을 달아 러블리한
스커트이다.

에스카르고 스커트
(Escargot Skirt)

달팽이 껍질처럼 사선으로
절개하여 전체적으로 플레
어를 넣어 자유롭게 활동할
수 있으며 편하다.

랩 어라운드 스커트
(Wrap Around Skirt)

한 폭으로 제작되어 휘감아
입을 수 있게 만들어진 스
커트이며, 랩 오버 스커트
라고도 한다.

하이웨이스트 스커트
(High-Waist Skirt)

웨이스트라인이 기존 허리
선보다 위로 연장 제작된
스커트이다.

로우웨이스트 스커트
(Low-Waist Skirt)

허리선의 골반 뼈에 걸쳐
입는 스커트로 힙행거 스커
트라고도 한다.

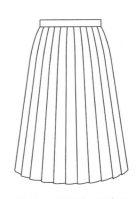

사이드 플리츠 스커트
(Side Pleats Skirt)

스커트 전체에 한쪽 방향으
로 플리츠를 넣은 스커트이
다.

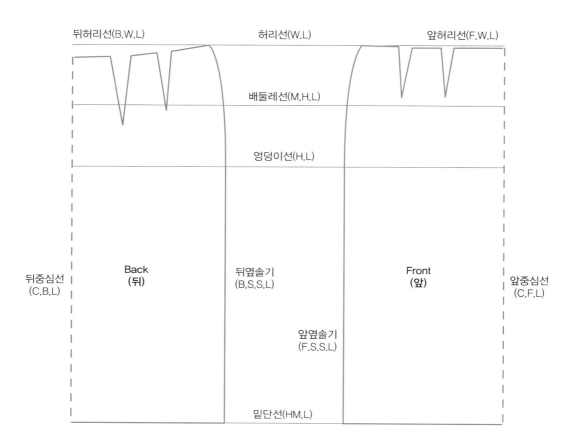

스커트 제도설계 시 필요한 약자		
허리둘레	W	Waist Circumference
엉덩이둘레	H	Hip Circumference
허리선	W.L	Waist Line
배둘레	M.H	Middle Hip Circumference
배둘레선	M.H.L	Middle Hip Line
엉덩이선	H.L	Hip Line
밑단선	HM.L	Hem Line
뒤중심선	C.B.L	Center Back Line
앞중심선	C.F.L	Center Front Line
앞옆솔기선	F.S.S.L	Front Side Seam Line
뒤옆솔기선	B.S.S.L	Back Side Seam Line
엉덩이길이	H.L	Hip Length

04 스커트의 실제치수

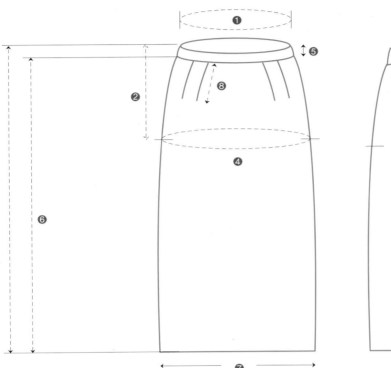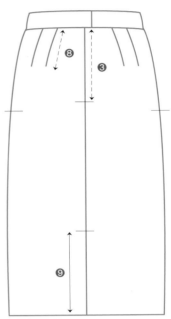

스커트의 실제(제품)치수 측정순서와 방법

❶ 허리둘레(Waist Circumference) : 훅이나 단추를 여민 상태에서 허리밴드의 안쪽둘레를 잰다.

❷ 엉덩이길이(Hip Length) : 허리밴드를 포함하여 18~20cm 지점을 잰다.

❸ 지퍼길이(Zipper Length) : 허리에서 지퍼트임 길이까지 잰다.

❹ 엉덩이둘레(Hip Circumference) : 허리밴드를 포함하여 엉덩이길이만큼 내려온 지점(18~20cm)에서 최대치의 수평둘레를 잰다.

❺ 벨트너비(Belt Width) : 디자인에 따라 허리밴드 폭(너비)을 잰다.

❻ 스커트길이(Skirt Length) : 디자인에 따라 허리밴드 폭을 포함하여 측정하나 밴드(Bend)너비를 별도 측정하기도 한다.

❼ 밑단너비(Hem Width) : 스커트의 밑단을 수평으로 잰다.

❽ 다트길이(Dart Length) : 허리밴드를 뺀 다트를 앞, 뒤, 다트끝점으로 잰다.

❾ 뒤 트임길이(Slit Length) : 밑단에서 시작점까지 잰다.

1. 타이트 스커트(Tight Skirt)

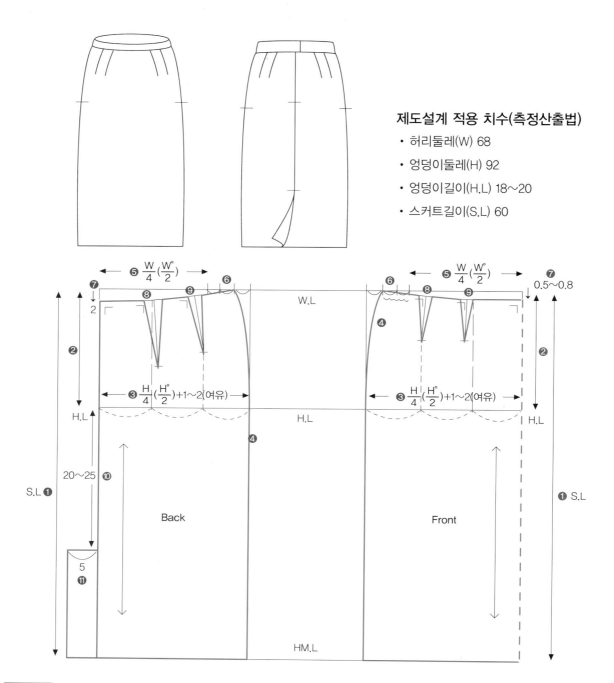

제도설계 적용 치수(측정산출법)

- 허리둘레(W) 68
- 엉덩이둘레(H) 92
- 엉덩이길이(H.L) 18~20
- 스커트길이(S.L) 60

Tip

패턴의 여유량

패턴이 몸에 꼭 맞게 설계되었는지 혹은 여유를 가지고 설계되었는지에 따라 태가 다르며 디자인, 유행, 계절, 소재 혹은 개성에 따라 여유량은 증감할 수 있다.

2. 퀼로트 스커트(Culotte Skirt)

디바이디드(Divided)란 "나누어졌다"는 뜻이며 슬랙스와 같이 다리를 각각 감싸주는 스커트를 말한다. 또한 퀼로트 스커트(Culotte Skirt)라고도 한다. 1910년경 승마용으로 시작되어 최근에는 기능적인 의복으로 평상복으로도 많이 애용되고 있으며 다양하게 패턴 디자인을 응용 전개할 수 있다.

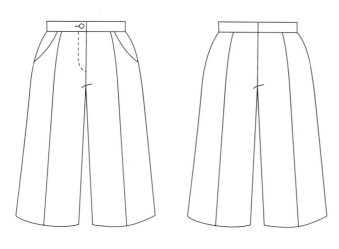

제도설계 적용 치수(측정산출법)

- 허리둘레(W) 68
- 엉덩이둘레(H) 92
- 엉덩이길이(H.L) 18~20
- 스커트길이(S.L) 60

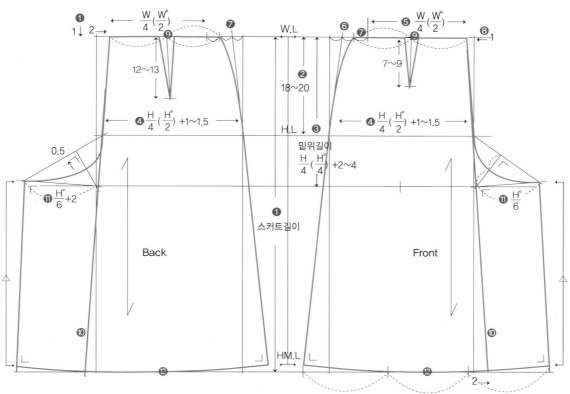

3. 세미타이트 스커트(Semi-Tight Skirt)

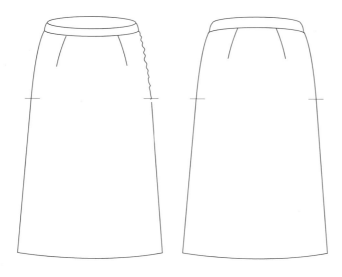

제도설계 적용 치수(측정산출법)

- 허리둘레(W) 68
- 엉덩이둘레(H) 92
- 엉덩이길이(H,L) 18~20
- 스커트길이(S,L) 60

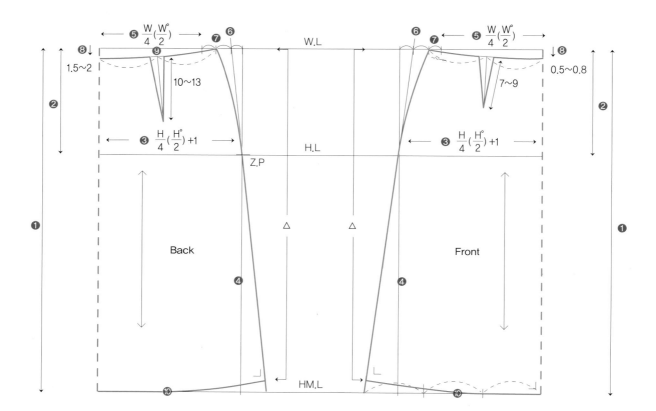

4. 고어드 스커트(Gored Skirt) 제도설계(8쪽일 때)

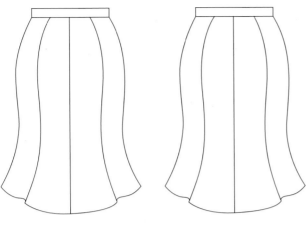

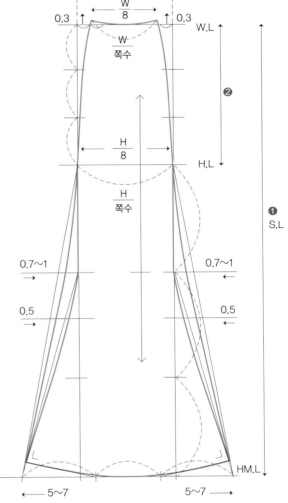

제도설계 적용 치수(측정산출법)

- 허리둘레(W) 68
- 엉덩이둘레(H) 92
- 엉덩이길이(H.L) 18~20
- 스커트길이(S.L) 60

Tip

Gored S.K 제도설계 산출식(8쪽일 때)

- W.L의 계산식 : 분모를 쪽수로, 분자를 허리치수를 적용한다. 예 $\dfrac{W}{\text{쪽수}} \rightarrow \dfrac{W}{8}$
- H.L의 계산식 : 분모를 쪽수로, 분자를 엉덩이둘레치수를 적용한다. 예 $\dfrac{H}{\text{쪽수}} \rightarrow \dfrac{H}{8}$

※ HM.L의 플레어 분량은 실루엣에 따라 증감할 수 있다.

5. 플레어 스커트(Flare Skirt)

(1) 플레어 스커트 제도설계

타이트 또는 세미타이트 스커트를 이용하여 플레어 스커트를 응용 제작할 수 있다. 플레어 분량 또한 소재, 유행, 디자인 착장자의 요구에 따라서 증감할 수 있다.

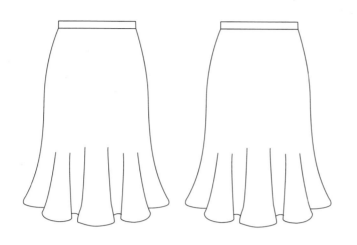

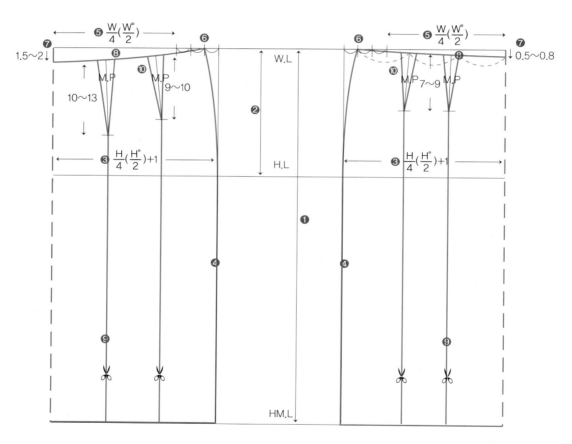

제도설계 순서
❶ 타이트 또는 세미타이트 스커트를 제도설계한다.
❷ 허리선 다트양의 적고 많음, 길고 짧음으로 플레어 분량을 조절한다.

(2) 플레어 스커트 전개도(타이트 스커트 응용)

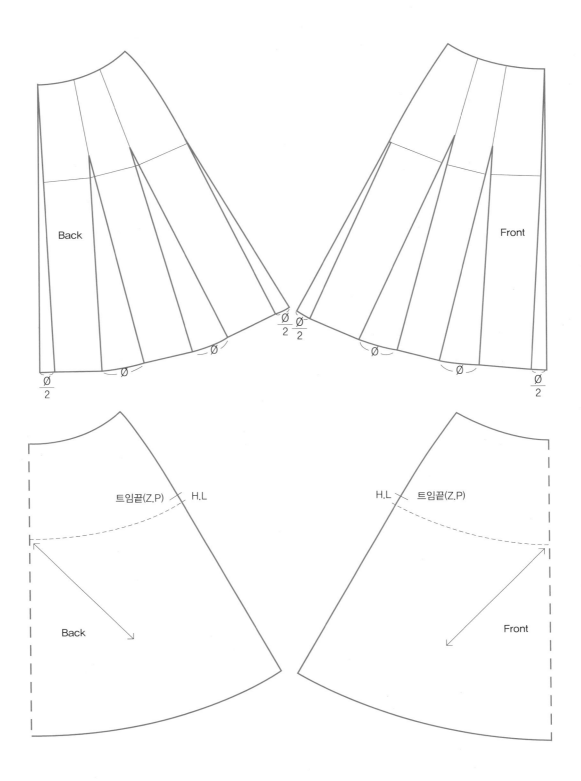

6. 드레이프드 스커트(Draped Skirt)

(1) 드레이프드 스커트 제도설계(설계된 타이트 스커트 응용)

스커트 앞 허리 왼쪽에 드레이프를 넣음으로써 타이트 스커트의 경직된 이미지를 부드러우며 여
성스러움을 한층 돋보이게 한다.

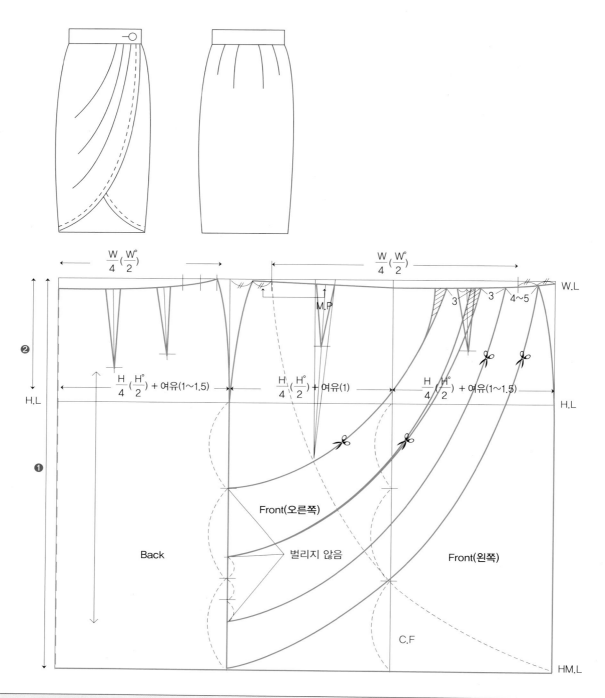

제도설계 순서
❶ 제도설계된 타이트 스커트에 드레이프 위치를 정한다.(이때 앞판 스커트는 전면(펼쳐진)을 이용)
❷ 왼쪽 다트양은 분산이동 드레이프 위치로 옮긴 후 제거한다.
❸ 오른쪽 다트는 M.P(접음)시켜 드레이프양으로 전환한다.

(2) 드레이프드 스커트 전개도

스커트의 주름량은 소재, 유행, 디자인에 의해 증감할 수 있다.

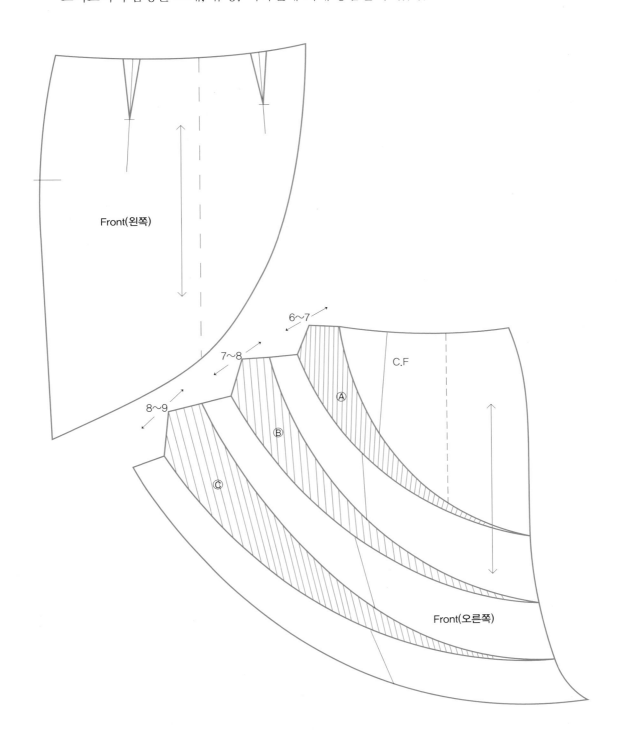

Tip

※ Ⓐ, Ⓑ, Ⓒ 모두 주름량을 각각 벌려준다.
   Ⓐ → 6cm, Ⓑ → 7cm, Ⓒ → 8cm, 주름량은 디자인에 따라 증감할 수 있다.

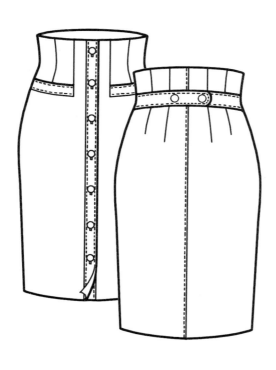

1. 하이웨이스트 스커트 제도설계

제도설계 적용 치수(측정산출)

- 허리둘레(W) 68
- 엉덩이길이(H.L) 18~20
- 엉덩이둘레(H) 92
- 스커트길이(S.L) 60

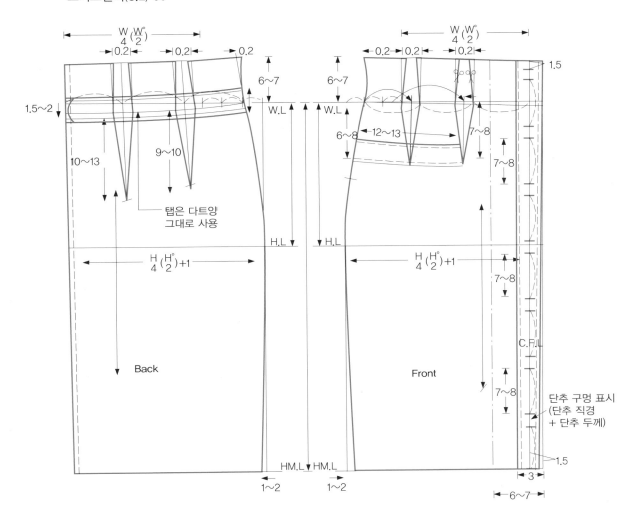

제도설계 순서
❶ 먼저 타이트 스커트를 제도설계한다.
❷ 앞판, 뒤판, 옆선의 HM.L에서 안으로 1~1.5cm 선을 그어 페그톱 실루엣으로 정한다.
❸ 설계된 스커트에 앞·뒤중심선, 다트선 그리고 옆선을 각각 5~6cm 정도 수직으로 올려 그린 후 다트선과 옆선에서 각각 0.2cm씩 여유를 둔다.
❹ 앞중심선의 여밈량과 플라켓 분량을 설정한다.
❺ 앞판의 포켓과 뒤판 W.L 위치에 탭(Tab) 위치를 설정한다.(Tab은 다트양 포함하여 사용)
❻ 디자인에 적합한 단추위치를 설정한다.

2. 하이웨이스트 스커트 패턴 배치도

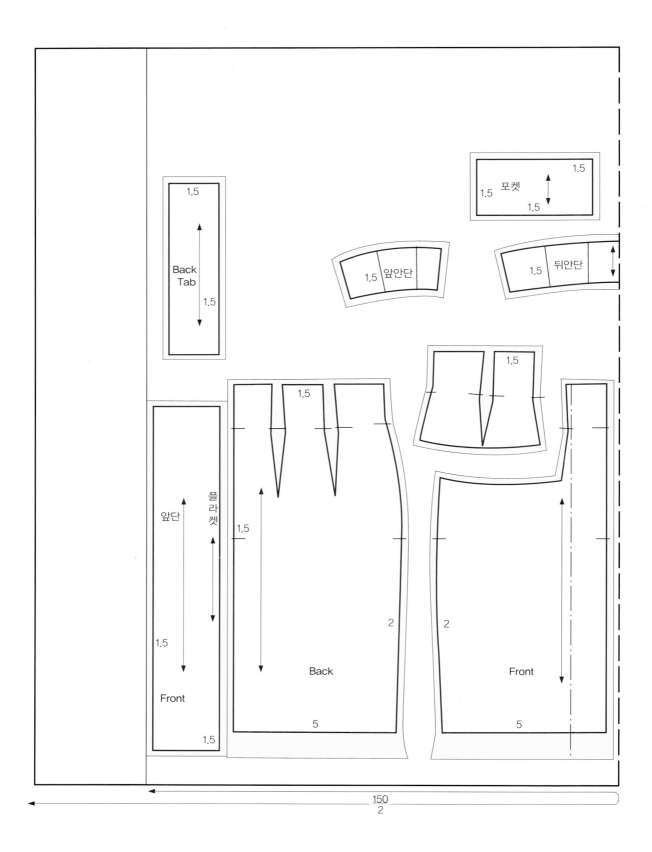

에스카르고 플레어드 스커트
Escargot Flared Skirt

1. 에스카르고 플레어드 스커트 제도설계(등분법 적용)

(1) 앞면(Front) 제도설계

제도설계 적용 치수(측정산출)
- 허리둘레(W) 68
- 엉덩이길이(H.L) 18~20
- 엉덩이둘레(H) 92
- 스커트길이(S.L) 60

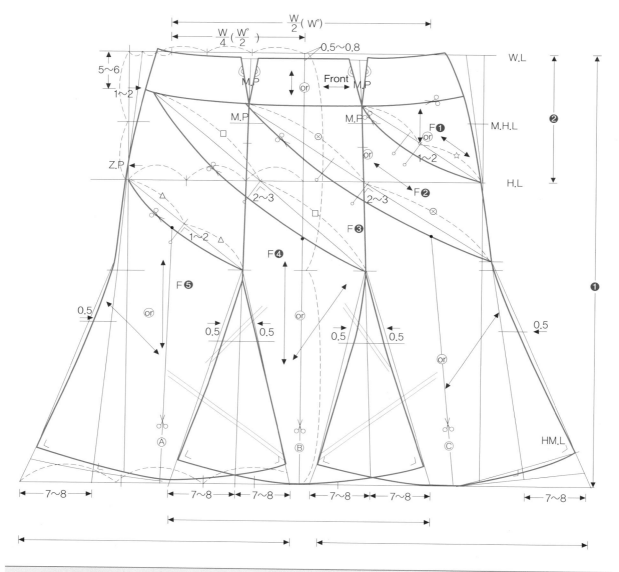

제도설계 순서
❶ 세미타이트(A-Line)를 설계한 후 앞 중심선(C.F.L)을 기준으로 하여 전면으로 전개시킨다.
❷ 앞중심선(C.F.L)에서 길이를 2등분하여 플레어 분량을 넣을 위치를 설정한다.
❸ 전면으로 펼쳐진 스커트에 셋으로 나눌 선을 설정한다.(1/2 지점까지)
❹ 설정된 선을 기준으로 디자인에 적합하도록 선을 긋는다.

(2) 뒷면(Back) 제도설계

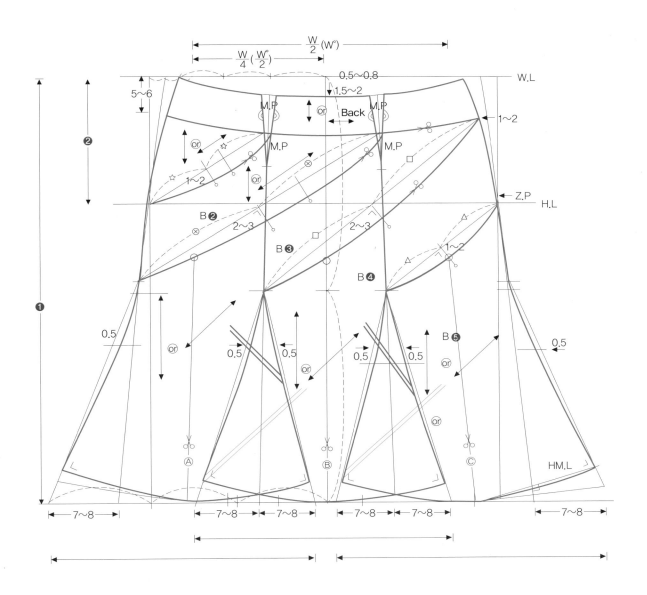

제도설계 순서
❶ 세미타이트 스커트를 설계한 후 앞 중심선(C.F.L)을 기준으로 하여 전면으로 전개시킨다.
❷ 전면으로 펼쳐진 스커트에 셋으로 나누어 달팽이처럼 돌아가는 선을 설정한다.
❸ 설정된 선을 기준으로 디자인에 적합하도록 선을 긋는다. ※ Ⓐ, Ⓑ, Ⓒ선은 플레어 분량을 더 넣고자 할 때 절개하여 적당량을 벌려줌으로써 플레어 분량을 조절할 수 있다.

2. 에스카르고 플레어드 스커트 패턴 배치도 1

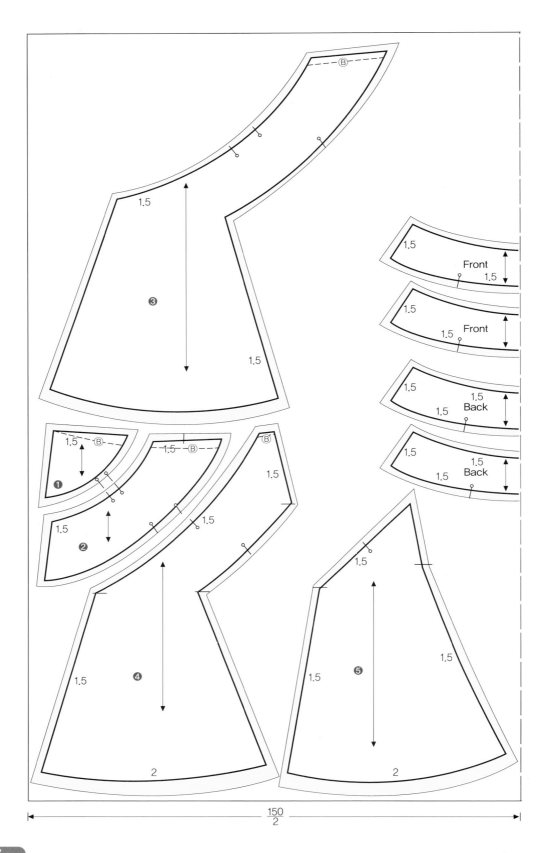

3. 에스카르고 플레어드 스커트 패턴 배치도 2

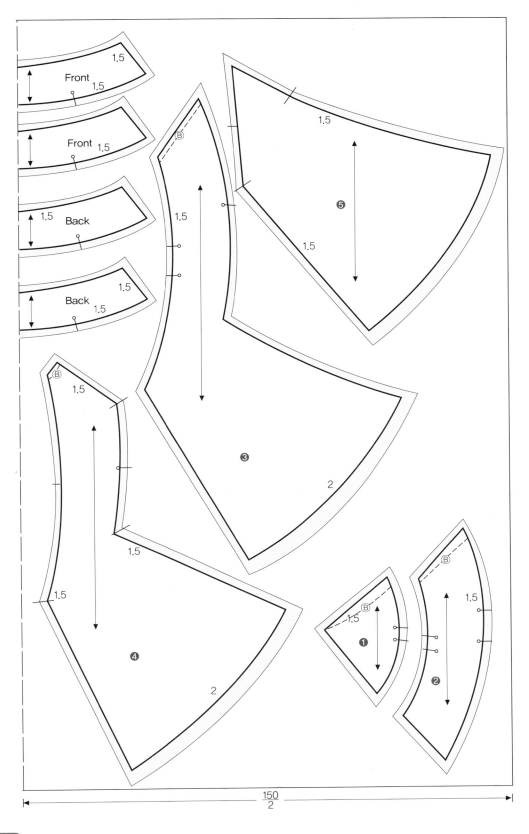

F(앞판), B(뒤판)를 동시에 재단하여 허리선의 실선은 앞판, 점선은 뒤판으로 사용한다.

요크 벨트 플리츠 스커트
Yoke Belt Pleats Skirt

1. 요크 벨트 플리츠 스커트 제도설계

제도설계 적용 치수(측정산출)

- 허리둘레(W) 68
- 엉덩이길이(H.L) 18~20
- 엉덩이둘레(H) 92
- 스커트길이(S.L) 60

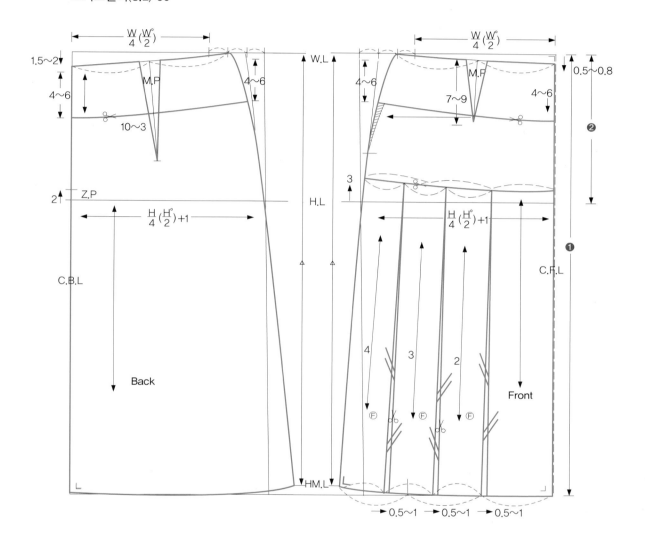

제도설계 순서
❶ 먼저 세미타이트 스커트를 제도설계한다.
❷ 요크선을 W.L에서 4cm 정도 아래 위치에 설정한다.
❸ H.L에서 3cm 정도 위의 위치에서 플리츠 절개선을 설정한다.
❹ 플리츠 절개선과 밑단을 각각 삼등분하여 직선을 연결한다.
❺ 디자인과 적합하도록 플리츠선을 설정, 각각 주름량을 8cm 정도 벌려준다.

2. 요크 벨트 플리츠 스커트 패턴 배치도

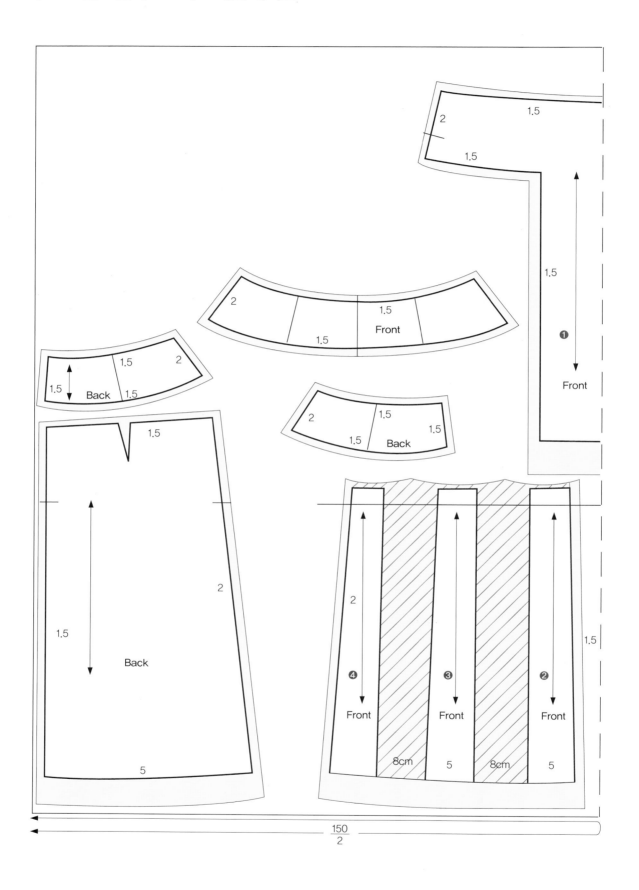

요크 벨트 패널 스커트
Yoke Belt Paneled Skirt

1. 요크 벨트 패널 스커트 제도설계

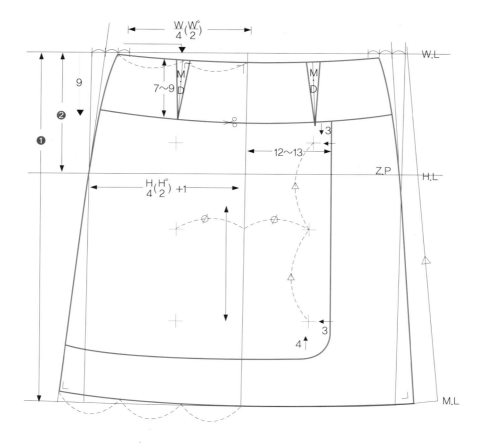

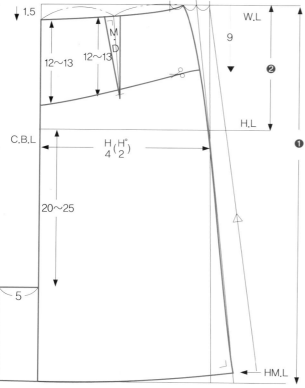

제도설계 적용 치수(측정산출)

- 허리둘레(W) 68
- 엉덩이길이(H.L) 18~20
- 엉덩이둘레(H) 92
- 스커트길이(S.L) 60

제도설계 순서
❶ 타이트 스커트 또는 세미타이트 스커트를 제도설계한다.
❷ 제도설계된 타이트 스커트를 전면으로 펼친다.(Front)
❸ 펼쳐진 스커트에서 패널을 그린다.
❹ 요크선은 다트끝선을 지나도록 선을 긋는다.
❺ 패널의 위치는 요크선의 옆선으로 삼등분의 2만큼 하고, 패널 길이는 밑단에서 7cm 정도 올라간 지점으로 한다.

Tip

패널 부분은 안단 또는 안감 변용 제작이 가능하다.

2. 요크 벨트 패널 스커트 패턴 배치도

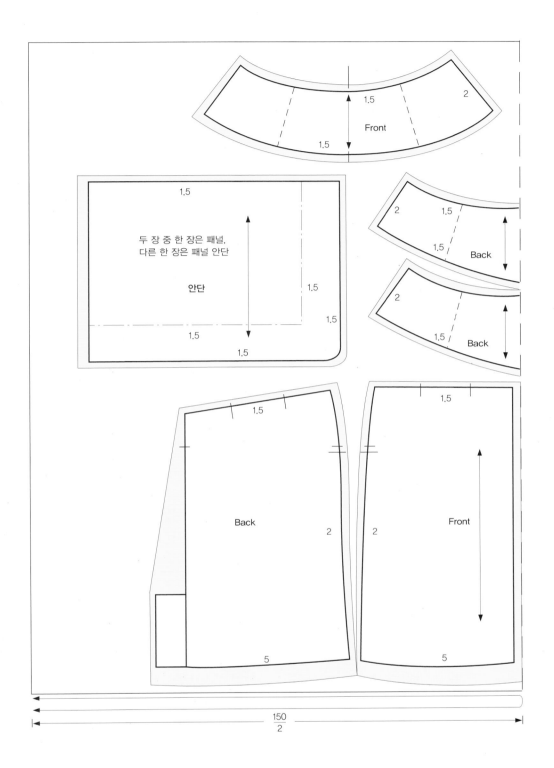

여성복 패턴메이킹

PATTERNMAKING
FOR WOMEN'S
CLOTHES

팬츠

CHAPTER. 10

팬츠
___

팬츠.

▬▬

팬츠는 슬랙스라고도 하며 하반신의 다리를 각각 감싸주는 옷으로서 동작이 자유롭고 활동적이어서 기능성이 높은 의복이다. 팬츠는 스커트와는 달리 신체의 형태가 그대로 노출되는 특징이 있으며, 캐주얼웨어의 정착으로 계절과 노소를 막론하고 우리 실생활에서 즐겨 착용하는 의복의 아이템이 되었다. 팬츠는 스포티(Sporty)한 것에서 포멀(Formal)한 것까지 착용범위와 실루엣도 다양해져 스타일이 좋고 착용이 간편하며 활동성이 높은 적합한 의복으로 정착되었다.

01 팬츠(Pants) 길이에 따른 명칭

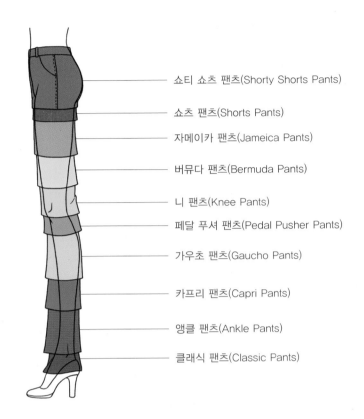

- 쇼티 쇼츠 팬츠(Shorty Shorts Pants)
- 쇼츠 팬츠(Shorts Pants)
- 자메이카 팬츠(Jameica Pants)
- 버뮤다 팬츠(Bermuda Pants)
- 니 팬츠(Knee Pants)
- 페달 푸셔 팬츠(Pedal Pusher Pants)
- 가우초 팬츠(Gaucho Pants)
- 카프리 팬츠(Capri Pants)
- 앵클 팬츠(Ankle Pants)
- 클래식 팬츠(Classic Pants)

❶ 쇼티 쇼츠 팬츠 : 팬츠의 길이가 비키니 수영복처럼 다리 안쪽 밑위보다 짧게 3~4cm 올라간 팬츠

❷ 쇼츠 팬츠 : 팬츠의 길이가 다리 안쪽에서 5cm 정도로 가랑이가 거의 없는 짧고 타이트한 팬츠

❸ 자메이카 팬츠 : 팬츠의 길이가 밑위와 무릎의 중간 길이로 휴양지인 자메이카의 이름에서 따온 팬츠

❹ 버뮤다 팬츠 : 팬츠의 길이가 무릎이 보일 정도의 중간 길이로 휴양지인 버뮤다의 이름에서 따온 팬츠

❺ 니 팬츠 : 팬츠의 길이가 무릎까지인 팬츠

❻ 페달 푸셔 팬츠 : 팬츠의 길이가 무릎에서 5cm 정도 길게 내려오며 주로 운동할 때 착용하기 편리한 팬츠

❼ 가우초 팬츠 : 팬츠의 길이가 무릎 밑 길이의 품이 넉넉한 팬츠로 남미의 초원지대 가우초들이 착용했던 팬츠

❽ 카프리 팬츠 : 팬츠의 길이가 발목에서 약 2~3cm 짧게 올라간 팬츠

❾ 앵클 팬츠 : 팬츠의 길이가 발목까지 내려오는 팬츠

❿ 클래식 팬츠 : 팬츠의 길이가 발목에서 4~5cm 길게 내려오는 팬츠

02 팬츠 형태에 따른 명칭

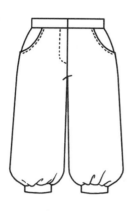

니커즈 팬츠
(Knickers Pants)

니커보커스(Knickerbockers)의 약자.
전체적으로 여유량이 많으며, 무릎 아
래 길이의 밑단에 밴드처리를 한 팬츠
이다.

버뮤다 팬츠
(Bermuda Pants)

무릎 위 길이의 짧은 팬츠로서 휴양지
버뮤다제도에서 착용, 유래되어 이처럼
불리고 있다.

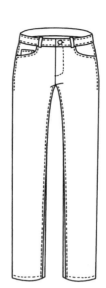

진 팬츠
(Jean Pants)

능직의 튼튼한 소재로 제작, 작업복으로
착용하였으나 최근에는 남녀노소 모두
즐겨 착용하는 의복 중 하나가 되었다.

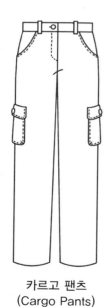

카르고 팬츠
(Cargo Pants)

카르고는 '화물선'이라는 의미이며 화
물선 승무원이 착용했던 팬츠였으나 지
금은 대중적으로 착용되고 있는 팬츠이
다.

조퍼스 팬츠
(Jodhpurs Pants)

승마용 바지를 말하며 기능상 엉덩이부
터 넓적다리 부위까지 넉넉한 볼륨감을
주고 무릎 아래에서 발목까지 꼭 맞게
하여 단추나 지퍼로 여닫을 수 있게 만
들어진 팬츠이다.

하렘 팬츠
(Harem Pants)

힙선과 밑단 모두 폭이 넓고 발목에서
좁혀준 실루엣으로 이슬람교 여성들이
입고 있던 팬츠에서 유래하였다.

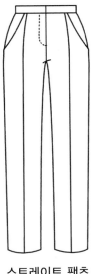

스트레이트 팬츠
(Straight Pants)

팬츠의 기본형으로 슬림 팬츠보다 조금
여유 있게 직선으로 떨어지는 실루엣이
다.

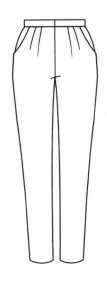

테이퍼드 팬츠
(Tapered Pants)

엉덩이 부분은 부풀고 무릎 아래로 점
차적으로 좁아지는 팬츠이다.

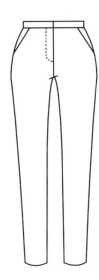

슬림 팬츠
(Slim Pants)

엉덩이 라인에 여유량이 적고 스트레이
트 팬츠보다 폭이 좁아 시가렛 또는 드
레이파이 팬츠라고도 한다.

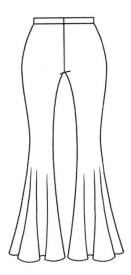

플레어 팬츠
(Flared Pants)

엉덩이에서 무릎선까지는 인체에 붙고
바지 밑단으로 가면서 넓어지는 스타일
이며 디자인에 따라 무릎선 위에서부터
플레어드 시키기도 한다.

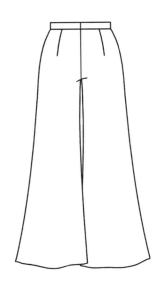

판타롱 팬츠
(Pantaloon Pants)

엉덩이라인이 몸에 꼭 맞으며 여유량이
적고 아래로 내려가면서 서서히 넓어지
는 팬츠이다.

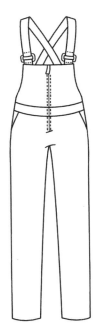

서스펜더 팬츠
(Suspenders Pants)

살로페트 팬츠라고도 하며 주로 어린아
이가 입거나 작업복으로 착용하며 허리
벨트에 어깨걸이가 달려있는 팬츠이다.

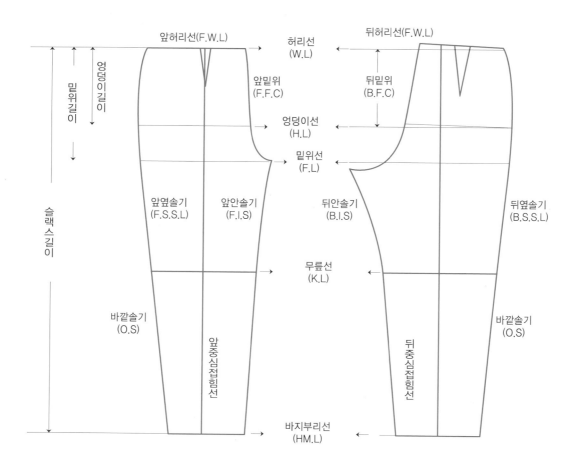

팬츠 제도설계 시 필요한 약자					
허리선	W.L	Waist Line	안솔기	I.S	In Seam
앞허리선	F.W.L	Front Waist Line	바깥솔기	O.S	Out Seam
뒤허리선	B.W.L	Back Waist Line	앞안솔기	F.I.S	Front In Seam
무릎선	K.L	Knee Line	앞밑위	F.F.C	Front From Crotch
뒤중심선	C.B.L	Center Back Line	뒤안솔기	B.I.S	Back In Seam
앞중심선	C.F.L	Center Front Line	뒤밑위	B.F.C	Back From Crotch
앞옆솔기선	F.S.S.L	Front Side Seam Front	밑위길이	C.L	Crotch Length
뒤옆솔기선	B.S.S.L	Back Side Seam Front	바지부리선	HM.L	Hem Line
밑단선	HM.L	Hem Line			

04 팬츠의 실제치수

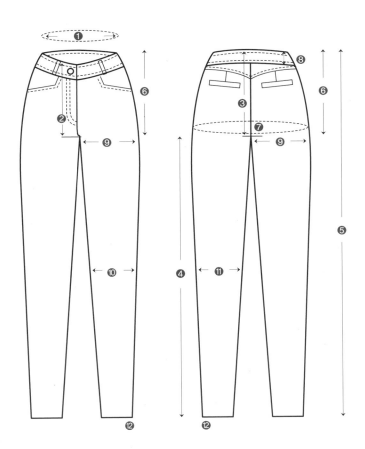

팬츠의 실제(제품)치수 측정순서와 방법

❶ 허리둘레(Waist Circumference) : 훅 또는 단추를 여민 상태에서 허리밴드의 내부를 둘러잰다.

❷ 앞밑위길이(Waist to Front Crotch Length) : 허리 밴드폭을 포함하여 바지 앞 샅점까지의 길이를 잰다.

❸ 뒤밑위길이(Waist to Back Crotch Length) : 허리 밴드폭을 포함하여 바지 뒤샅점까지의 길이를 잰다.

❹ 밑아래 팬츠길이(Inseam Length) : 밑위선에서 팬츠밑단까지 팬츠의 안쪽선 봉제선을 따라 길이를 잰다.

❺ 팬츠길이(Pants Length) : 허리 밴드폭을 포함하여 팬츠밑단까지 팬츠의 봉제선을 따라 옆선길이를 잰다.

❻ 엉덩이길이(Hip Length) : 허리선에서 엉덩이길이(H.L)까지의 길이를 잰다.

❼ 엉덩이둘레(Hip Circumference) : 허리선에서 엉덩이길이(H.L)까지 내려온 (H.L)지점에서 팬츠둘레를 잰다.

❽ 벨트너비(Waistband Width) : 벨트의 너비 폭을 잰다.

❾ 넙다리둘레(Thigh Circumference) : 밑위선 지점에서 팬츠수평둘레를 잰다.

❿ 앞무릎너비(Across Front Knee) : 무릎 지점에서 팬츠 앞의 안쪽과 옆선의 봉제선 사이 수평너비를 잰다.

⓫ 뒤무릎너비(Across Back Knee) : 무릎 지점에서 팬츠 뒤의 안쪽과 옆선의 봉제선 사이를 수평으로 잰다.

⓬ 팬츠부리 또는 팬츠단둘레(Hem Line) : 앞·뒤팬츠 부리 폭의 반으로 접은 상태를 잰다.

1. 타이트 팬츠(Tight Pants) 제도설계

팬츠를 제도설계할 때는 팬츠의 앞판 제도설계 후 뒤판을 설계하게 된다. 그러므로 앞판 제도설계 위에 뒤판을 연계하여 설계하기도 한다. 이 설계방법은 능률적이고 선의 흐름확인이 가능하며, 앞판과 뒤판의 선을 균형 있게 그릴 수 있어 심미성이 높은 선을 구축하게 되므로 많이 이용되고 있다.

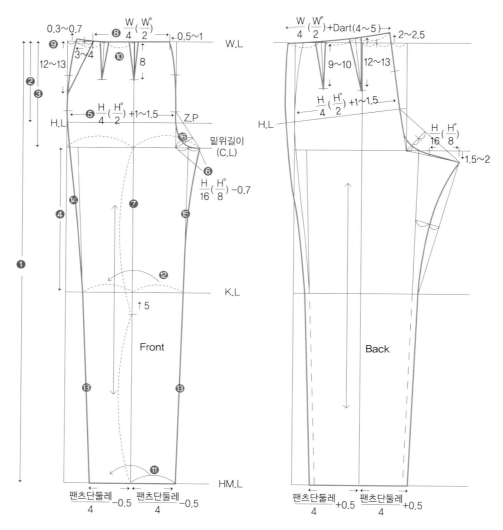

제도설계 순서(Front)			
❶ 팬츠길이(92)	❺ 엉덩이둘레	❾ 옆선 그리기	⓭ 무릎 선등치수 미동
❷ 엉덩이길이(18~20)	❻ 밑 $\frac{H}{16}\left(\frac{H°}{8}\right)-0.7{\sim}1$	❿ 다트 설정	⓮ H.L에서 K.L까지 선 긋기
❸ 밑위길이 $\frac{H}{4}\left(\frac{H°}{2}\right)+1$	❻ 밑 $\frac{H}{16}\left(\frac{H°}{8}\right)-0.7{\sim}1$	⓫ 팬츠단둘레 적용	⓯ 가랑이 안선 긋기
❹ 무릎선(K.L) 설정	❼ 중심선 설정	⓬ 가랑이 안선 긋기	⓰ 밑위 곡선 긋기
	❽ 허리치수 $\frac{W}{4}\left(\frac{W°}{2}\right)$		

2. 타이트 팬츠 패턴 배치도

- 일방향 기본 배치도 -

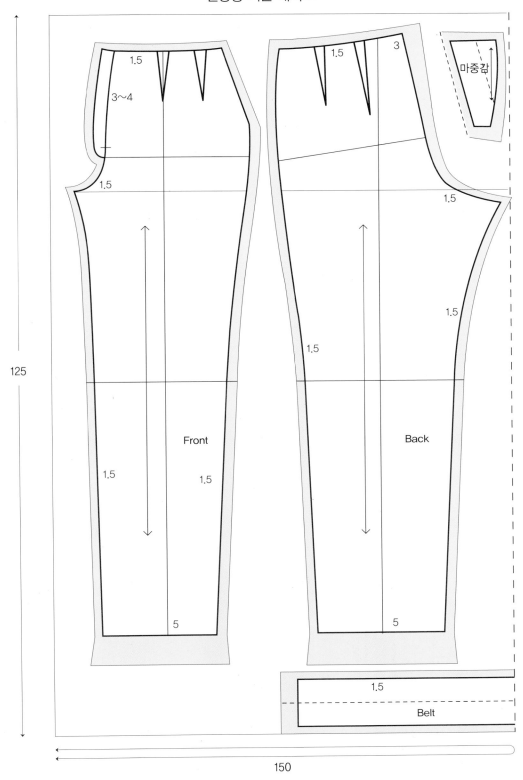

1. 턱 팬츠 제도설계

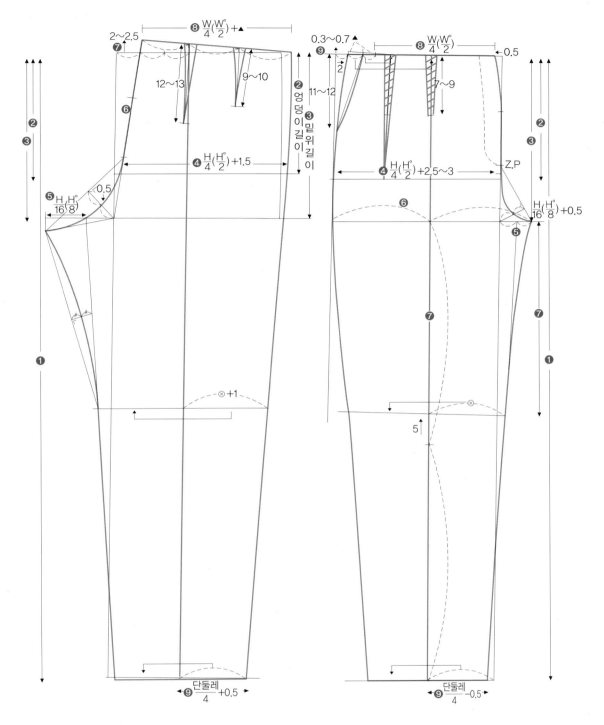

제도설계 순서(Front)			
❶ 팬츠길이(86)	❺ 밑(살) $\frac{H}{16}(\frac{H°}{8})-1\sim1.5$	❾ 옆선 그리기	⓭ 가랑이 안선 긋기
❷ 엉덩이길이(H.L) → W.L에서 18 내려줌	❻ 중심선 설정	❿ 다트 설정	⓮ H.L에서 K.L까지 선 긋기
❸ 밑위길이 $\frac{H}{4}(\frac{H°}{2})$	❼ 무릎선(K.L) 설정	⓫ 팬츠단둘레 적용	⓯ 가랑이 안선 긋기
❹ 엉덩이둘레 $\frac{H}{4}(\frac{H°}{2})+2\sim3$	❽ 허리치수 $\frac{W}{4}(\frac{W°}{2})$	⓬ 무릎 선등치수 미동	⓰ 밑위 곡선 긋기

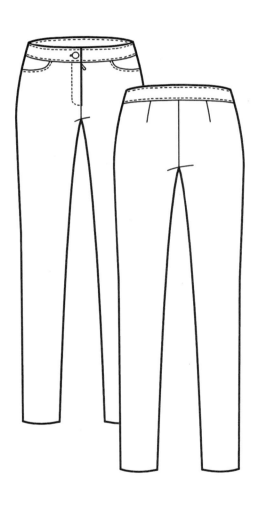

1. 슬림 팬츠 제도설계

슬림 팬츠(Slim Pants)는 스트레이트 팬츠(Straight Pants)보다 몸에 밀착되어 가느다란 실루엣으로 시가렛 팬츠(Cigarette Pants)라고도 한다.

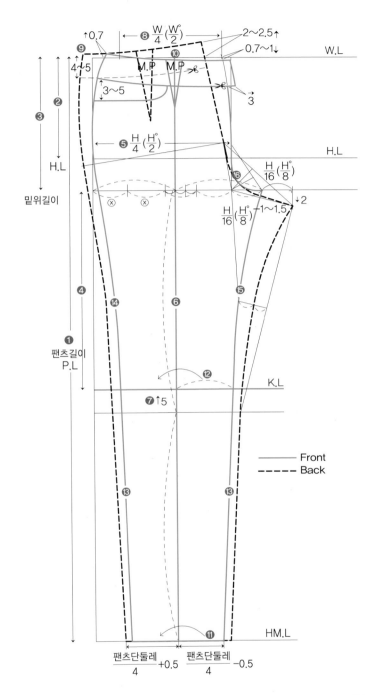

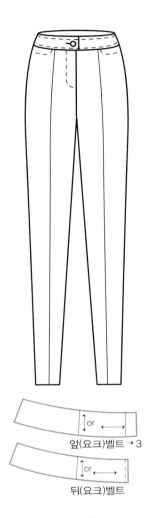

앞(요크)벨트 → 3

뒤(요크)벨트

제도설계 적용 치수(측정산출법)

- 허리둘레(W) 68
- 엉덩이둘레(H) 92
- 엉덩이길이(H.L) 18~20
- 팬츠길이(P.L) 100
- 팬츠단둘레(A.C) 35

제도설계 순서(Front)			
❶ 팬츠길이(86)	❺ 밑(샅) $\frac{H}{16}\left(\frac{H^{\circ}}{8}\right)$-1~1.5	❾ 옆선 그리기	❽ 가랑이 안선 긋기
❷ 엉덩이길이(H.L) → W.L에서 18 내려줌	❻ 중심선 설정	❿ 다트 설정	⓮ H.L에서 K.L까지 선 긋기
❸ 밑위길이 $\frac{H}{4}\left(\frac{H^{\circ}}{2}\right)$	❼ 무릎선(K.L) 설정	⓫ 팬츠단둘레 적용	⓯ 가랑이 안선 긋기
❹ 엉덩이둘레 $\frac{H}{4}\left(\frac{H^{\circ}}{2}\right)$	❽ 허리치수 $\frac{W}{4}\left(\frac{W^{\circ}}{2}\right)$	⓬ 무릎 선등치수 미동	⓰ 밑위 곡선 긋기

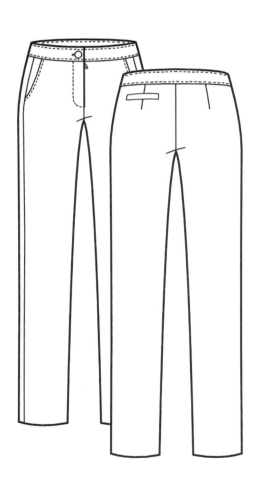

1. 스트레이트 팬츠 제도설계

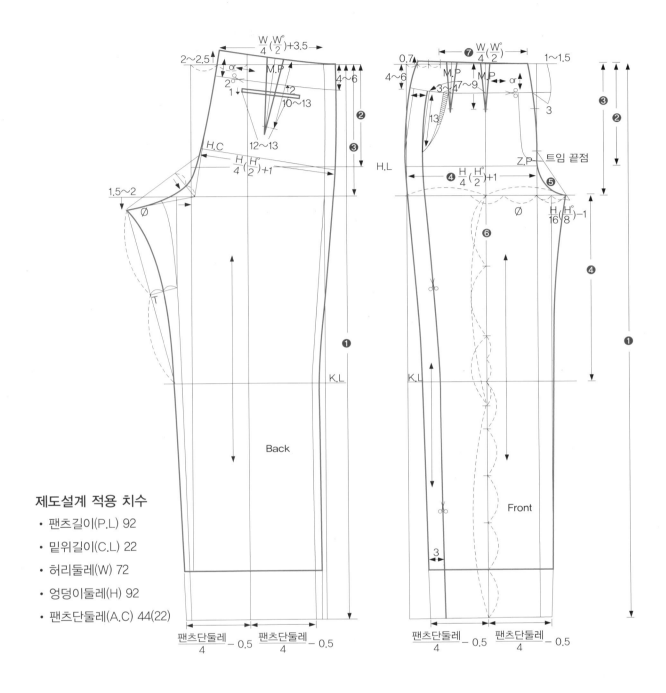

제도설계 적용 치수

- 팬츠길이(P.L) 92
- 밑위길이(C.L) 22
- 허리둘레(W) 72
- 엉덩이둘레(H) 92
- 팬츠단둘레(A.C) 44(22)

제도설계 순서(Front)			
❶ 팬츠길이(86)	❺ 밑(샅) $\frac{H}{16}(\frac{H°}{8})-1$	❾ 옆선 그리기	⓭ 가랑이 안선 긋기
❷ 엉덩이길이(H.L) → W.L에서 18 내려줌	❻ 중심선 설정	❿ 다트 설정	⓮ H.L에서 K.L까지 선 긋기
❸ 밑위길이 $\frac{H}{4}(\frac{H°}{2})$	❼ 무릎선(K.L) 설정	⓫ 팬츠단둘레 적용	⓯ 가랑이 안선 긋기
❹ 엉덩이둘레 $\frac{H}{4}(\frac{H°}{2})$	❽ 허리치수 $\frac{W}{4}(\frac{W°}{2})$	⓬ 무릎 선등치수 미동	⓰ 밑위 곡선 긋기

2. 스트레이트 팬츠 패턴 배치도(일방향)

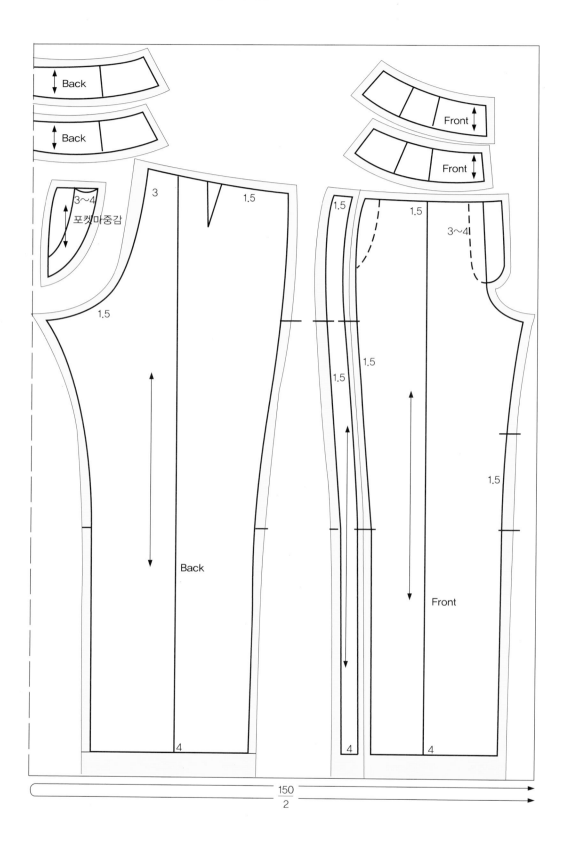

Back

Back

3~4
포켓마중감

3

1.5

1.5

Back

4

Front

Front

1.5

1.5

1.5

1.5

3~4

1.5

1.5

Front

4

4

$\frac{150}{2}$

페그 톱 팬츠
Peg-Top Pants

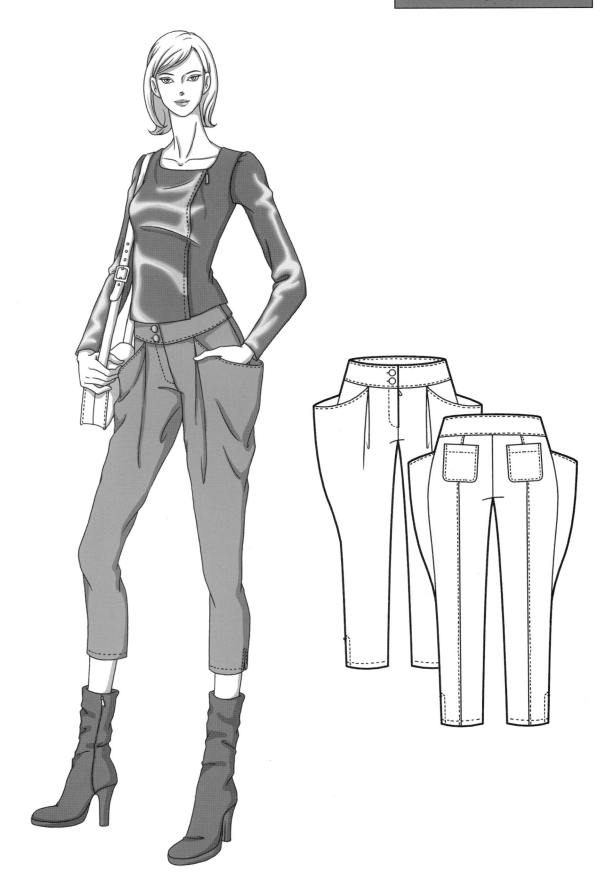

1. 페그 톱 팬츠 제도설계

(1) 앞면(Front) 제도설계

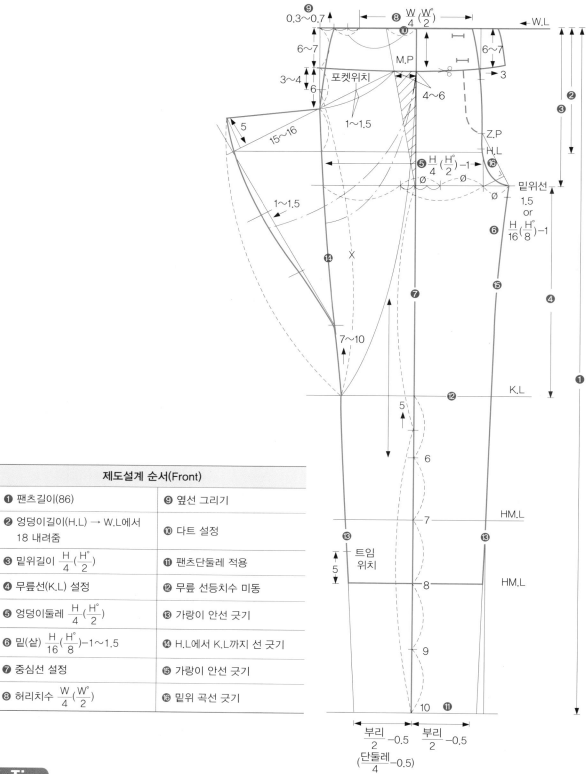

제도설계 순서(Front)	
❶ 팬츠길이(86)	❾ 옆선 그리기
❷ 엉덩이길이(H.L) → W.L에서 18 내려줌	❿ 다트 설정
❸ 밑위길이 $\frac{H}{4}\left(\frac{H°}{2}\right)$	⓫ 팬츠단둘레 적용
❹ 무릎선(K.L) 설정	⓬ 무릎 선등치수 미동
❺ 엉덩이둘레 $\frac{H}{4}\left(\frac{H°}{2}\right)$	⓭ 가랑이 안선 긋기
❻ 밑(샅) $\frac{H}{16}\left(\frac{H°}{8}\right)-1\sim1.5$	⓮ H.L에서 K.L까지 선 긋기
❼ 중심선 설정	⓯ 가랑이 안선 긋기
❽ 허리치수 $\frac{W}{4}\left(\frac{W°}{2}\right)$	⓰ 밑위 곡선 긋기

Tip

팬츠의 길이를 무릎 아래 6~9부의 길이에서 설정할 때는 무릎선(K.L) 아랫부분을 다섯으로 나누어 각각 6, 7, 8, 9부로 길이를 설정토록 한다.

(2) 뒷면(Back) 제도설계

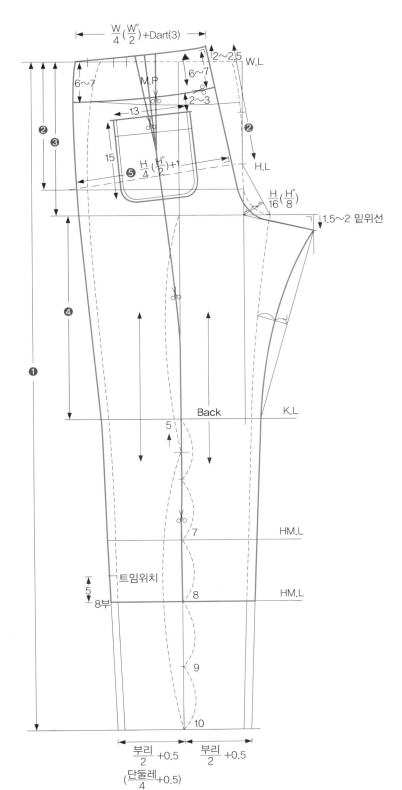

$\frac{W}{4}(\frac{W°}{2})+Dart(3)$

2~2.5

W.L

6~7

6~7

M.P

2~3

13

2

3

H.L

15

$\frac{H}{4}(\frac{H°}{2})+1$

$\frac{H}{16}(\frac{H°}{8})$

1.5~2 밑위선

4

1

Back

K.L

5

7

HM.L

트임위치

5

8

HM.L

8부

9

10

$\frac{부리}{2}+0.5$

$\frac{부리}{2}+0.5$

$(\frac{단둘레}{4}+0.5)$

제도설계 적용 치수(측정산출)

- 팬츠길이(P.L) 80
- 밑위길이(C.L) 22
- 허리둘레(W) 74
- 엉덩이둘레(H) 92
- 팬츠단둘레(A.C) 17(34)

Tip

팬츠의 원래 길이를 설정 후 무릎선(K.L) 밑에서 다섯 등분하여 6~10부까지 표기하여 6부, 7부 또는 9부까지 길이를 설정토록 한다.

2. 페그 톱 팬츠 패턴 배치도

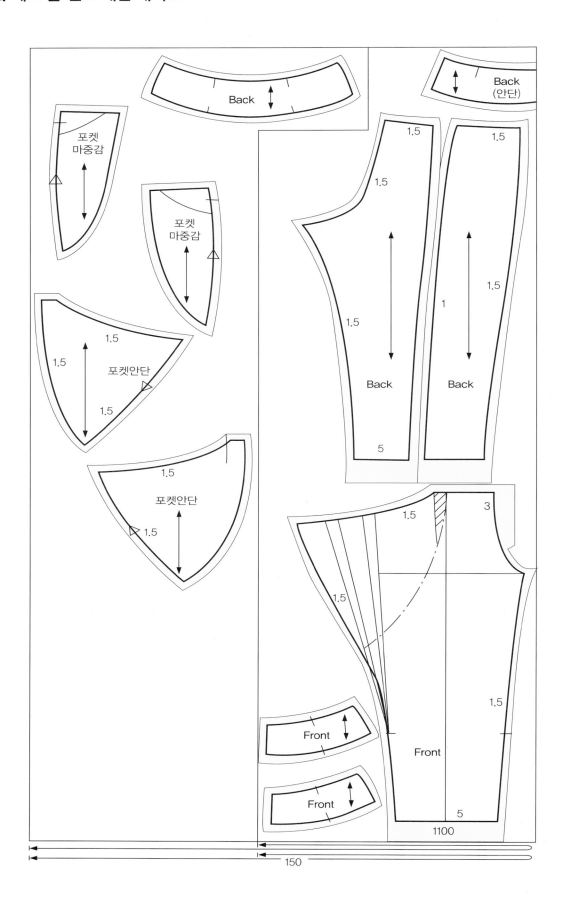

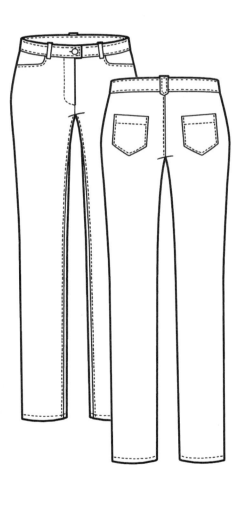

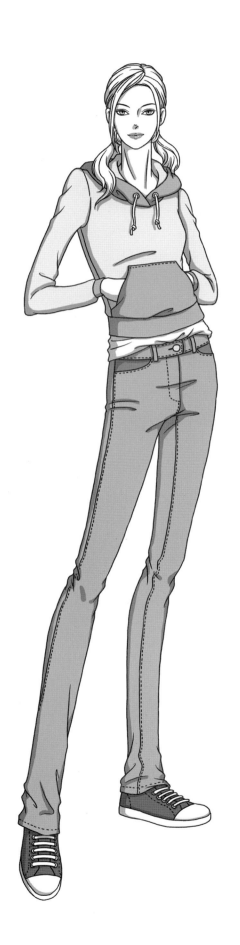

진 팬츠
Jean Pants

CHAPTER 10

팬츠 183

1. 진 팬츠 제도설계

진 팬츠(Jean Pants)는 스트레이트팬츠보다 몸에 밀착되면서 가느다란 실루엣으로 점차적으로 팬츠 밑단이 넓어지는 실루엣이다.

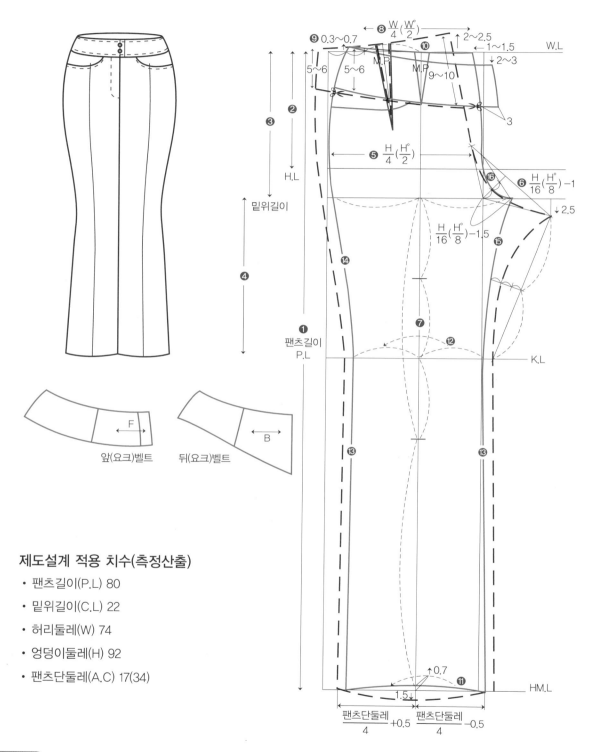

앞(요크)벨트   **뒤(요크)벨트**

제도설계 적용 치수(측정산출)

- 팬츠길이(P.L) 80
- 밑위길이(C.L) 22
- 허리둘레(W) 74
- 엉덩이둘레(H) 92
- 팬츠단둘레(A.C) 17(34)

Tip

- 진 팬츠는 디자인의 특성상 몸에 피트성을 고려하여 여유분량을 제거하여 제도설계한다.
- 팬츠밑단둘레는 유행에 따라 좁게도 넓게도 설계될 수 있다.

여성복 패턴메이킹

PATTERNMAKING
FOR WOMEN'S
CLOTHES

원피스드레스

원피스드레스

원피스드레스.

드레스는 의복을 의미하는 것으로 의복 전체를 총칭한다.

원피스드레스는 의복의 역사 중에서 가장 오래된 역사를 기록하고 있으며, 몸판과 스커트가 하나로 연결되어 있는 드레스를 의미한다.

형태로는 허리선을 절개하여 한 조각으로 연결되어 있는 것과 절개선이 없어 그대로 길이가 연결된 것으로 구분한다.

절개 위치나 가슴다트의 변화로 인해 디자인과 유행에 따라 다양하고 아름다운 실루엣을 창출할 수 있다.

원피스드레스는 원래 블라우스와 스커트가 상하로 분리된 착용법에서 착안하여 상하가 연결된 의복으로 착용하게 되었다. 하나로 상하가 연결된 의복이므로 입는 목적과 때와 장소를 고려해야 하는 선택에 있어서 제한적이 될 수 있다.

슬리브리스 프린세스 라인 원피스드레스
Sleeveless Princess Line One-Piece Dress

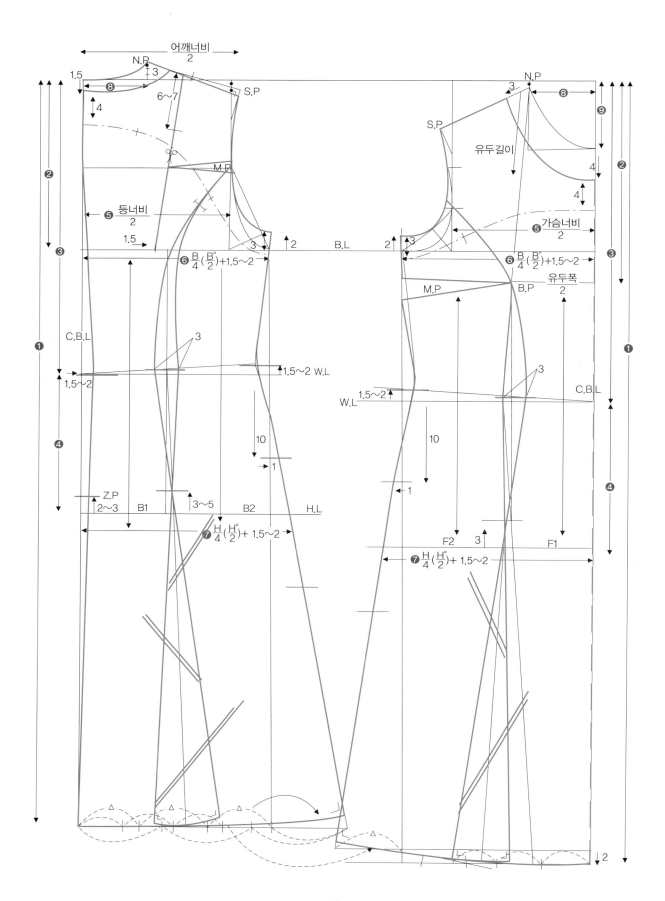

2. 슬리브리스 프린세스 라인 원피스드레스 제도설계

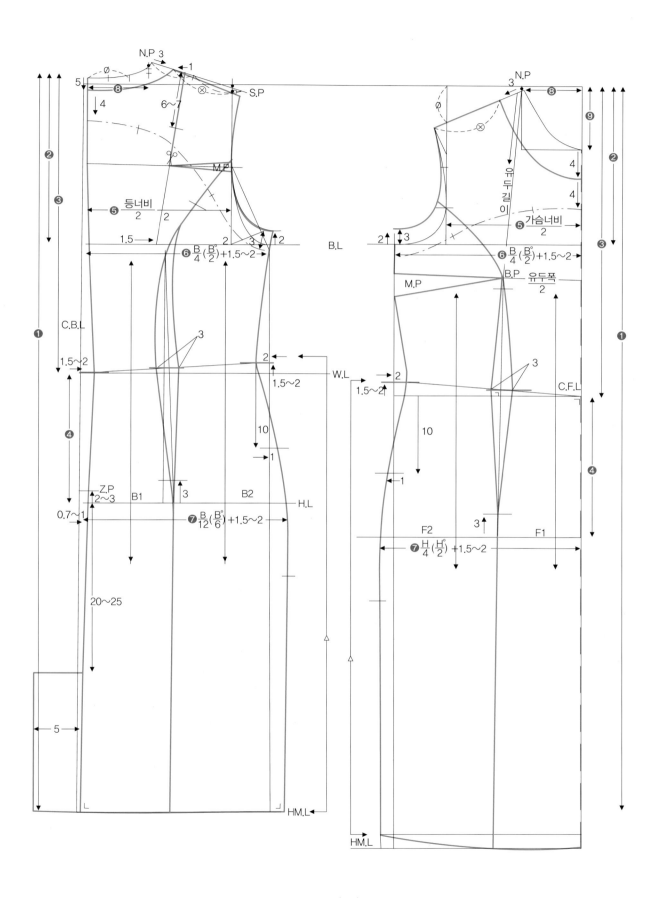

3. 슬리브리스 숄더라인 원피스드레스 제도설계

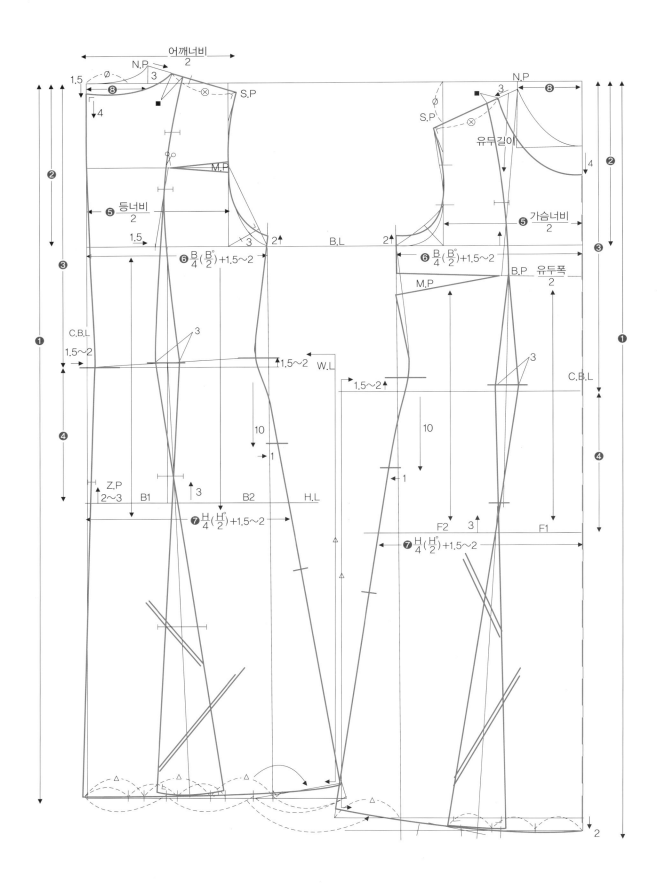

프렌치 슬리브 원피스드레스
French Sleeve One-Piece Dress

1. 프렌치 슬리브 원피스드레스 제도설계

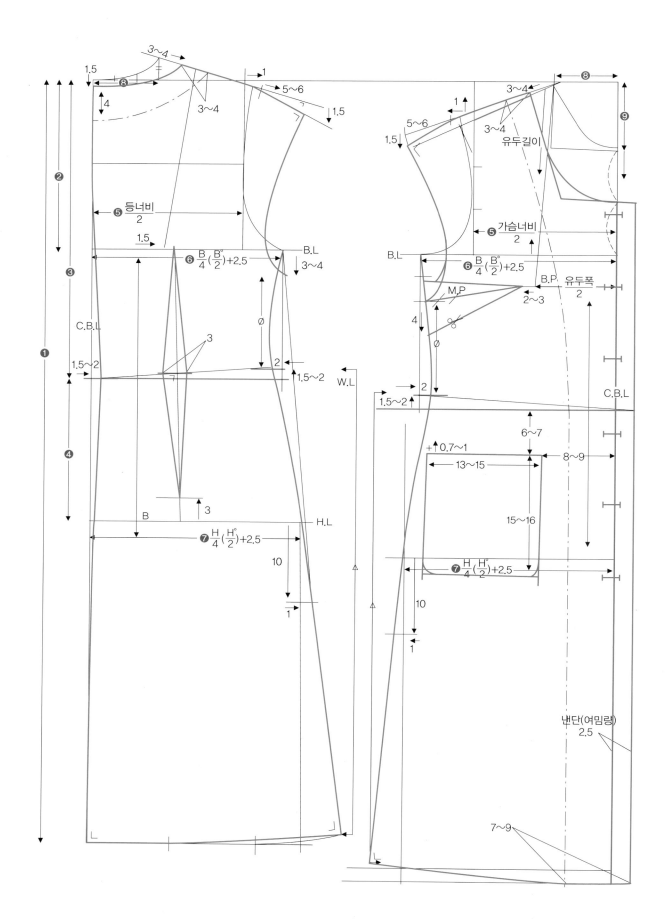

2. 프렌치 슬리브 원피스드레스 패턴 배치도

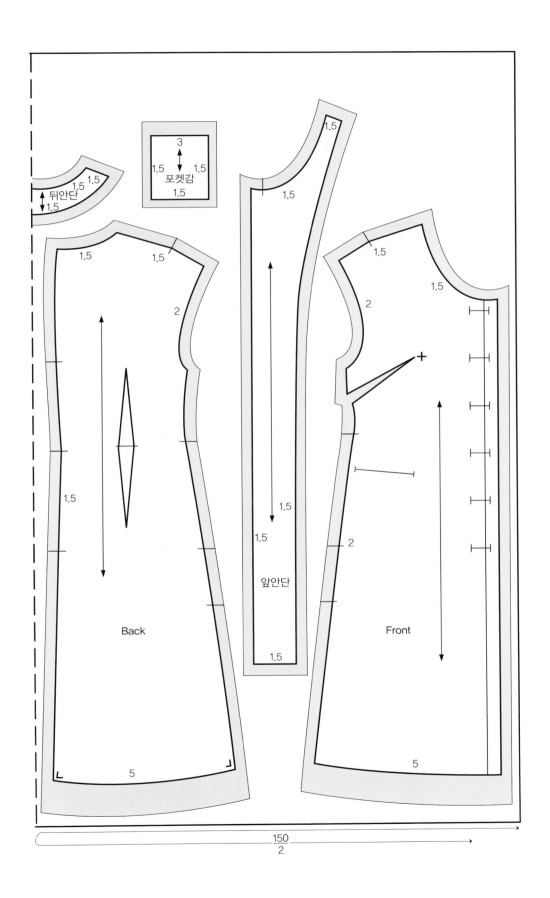

1. 플랫 칼라 점퍼 스커트 제도설계

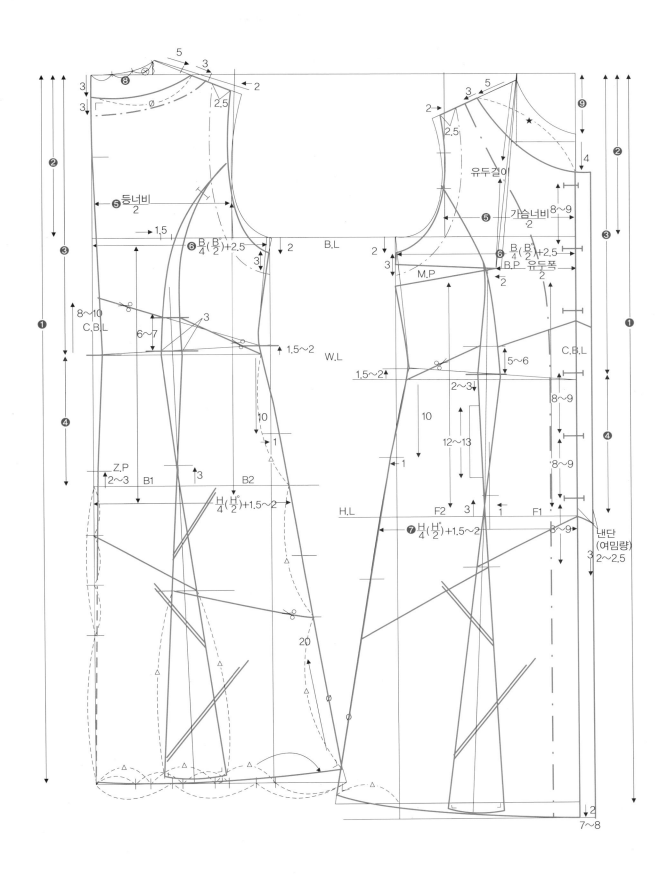

2. 플랫 칼라 점퍼 스커트 플랫 칼라 제도설계

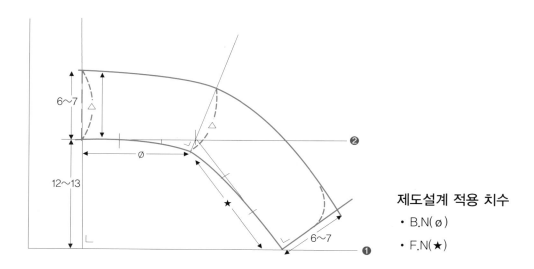

제도설계 적용 치수
- B.N(ø)
- F.N(★)

제도설계 순서
❶ 직각 선을 긋는다.
❷ 칼라 누임정도에 따른 치수 설정 적용(12~13)
❸ 칼라 너비(6~7) 디자인에 따른 변화

Tip

N.L의 파임정도와 디자인에 따라 칼라의 너비와 각도 제도설계는 다양하게 변경 적용할 수 있다.

하이웨이스트 라인 원피스드레스
High Waist Line One-Piece Dress

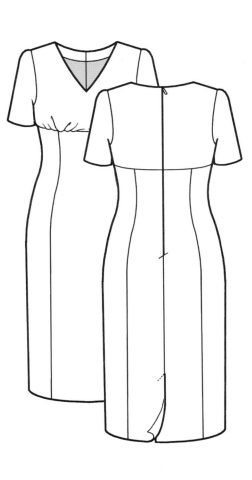

1. 하이웨이스트 라인 원피스드레스 제도설계

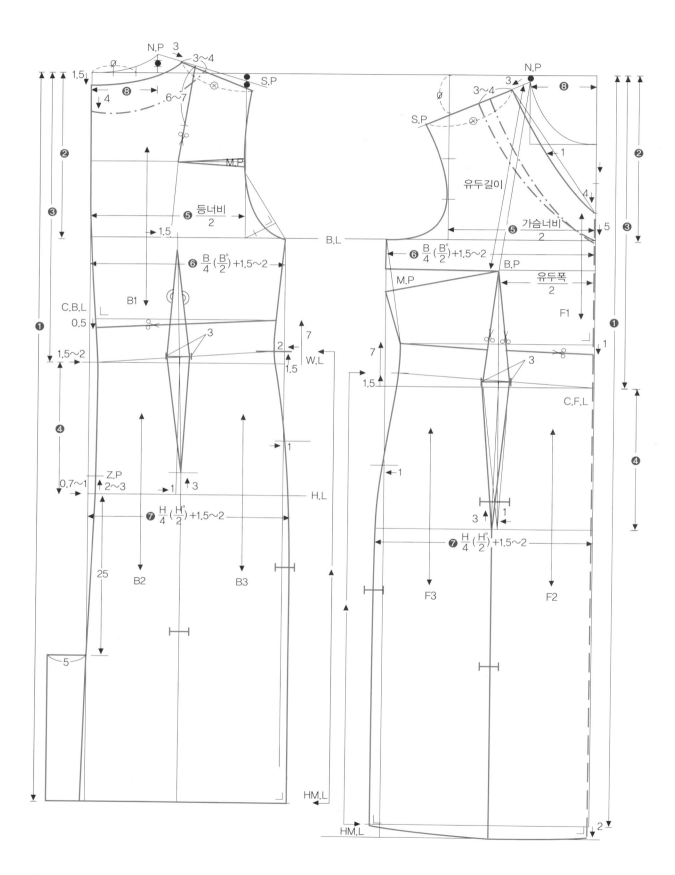

2. 하이웨이스트 라인 원피스드레스 소매 제도설계

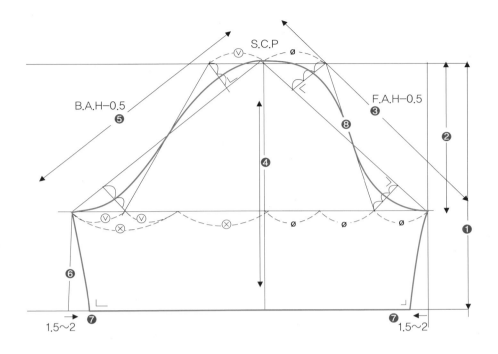

제도설계 적용 치수

- A.H $\begin{array}{l} \text{F.A.H} \\ \text{B.A.H} \end{array}$
- 소매길이 25
- 소매단둘레 31

제도설계 순서			
❶ 소매길이	❸ F.A.H−0.5∼0.8	❺ B.A.H−0.5∼0.8	❼ 소매단둘레 적용
❷ 소매산 $\dfrac{\text{F.A.H+B.A.H}}{3}$	❹ 중심선 긋기	❻ 옆선 긋고 밑단 정리	❽ 소매산 곡선 긋기

1. 윙 칼라 원피스드레스 제도설계

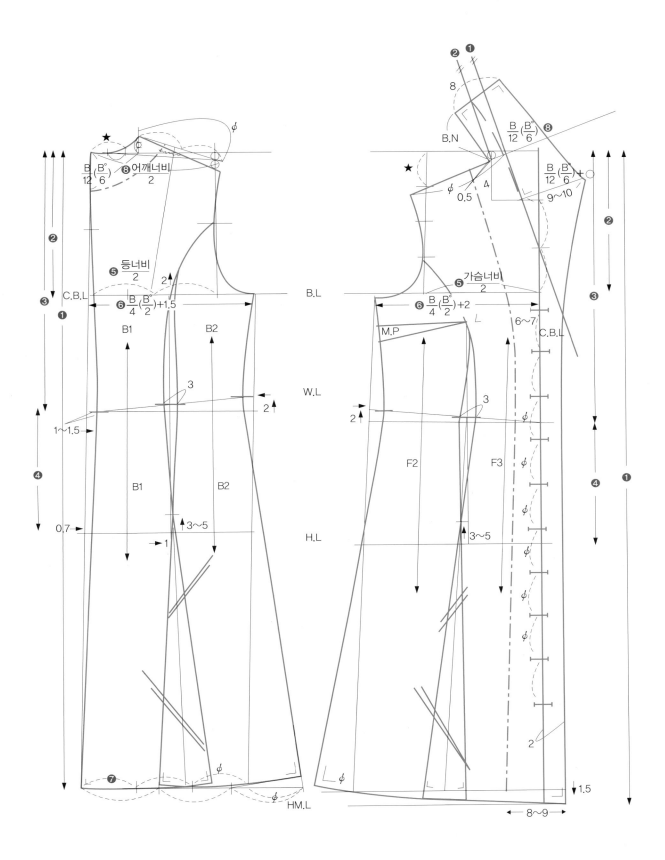

2. 윙 칼라 원피스드레스 소매 제도설계

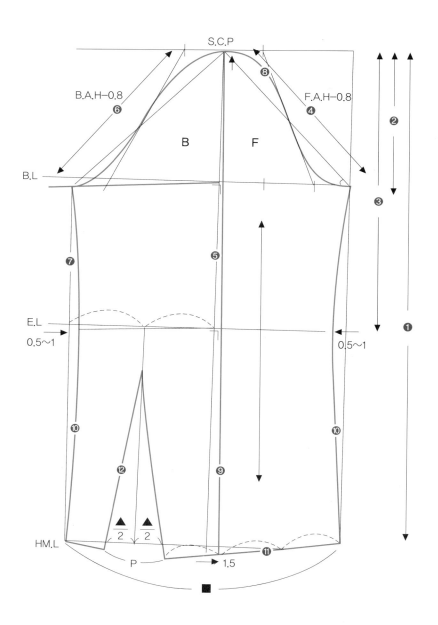

제도설계 순서			
❶ 소매길이	❹ F.A.H(22.5)	❼ 옆선 긋기	❿ 소매 안선 실선 긋기
❷ 소매산 $\dfrac{F.A.H+B.A.H}{3}$	❺ 중심선 긋기	❽ 소매산 곡선 그리기	⓫ 소매 밑단둘레 적용
❸ 팔꿈치선 $\dfrac{소매길이}{2}$ + 3~4	❻ B.A.H(23.5)	❾ 중심선 이동 F → 1~1.5	⓬ 밑다트선 긋기

Tip

소매둘레의 계산방법

■ − 소매둘레(25)=▲라면 ▲을 P의 위치에서 빼고 남는 양이 구하고자 하는 소매단둘레의 치수가 된다.

3. 윙 칼라 원피스드레스 패턴 배치도

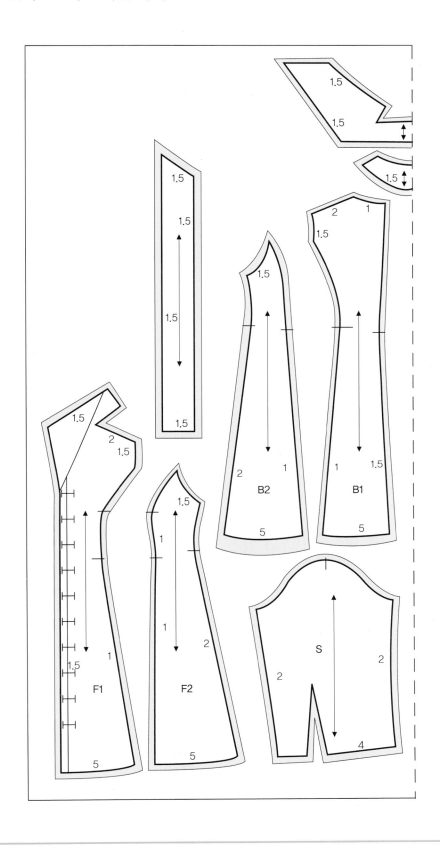

Tip

원단의 이색짐을 방지하기 위해 근접마킹과 일방향 마킹을 적용한다.

로우웨이스트 라인 원피스드레스
Low Waist Line One-Piece Dress

1. 로우웨이스트 라인 원피스드레스 제도설계

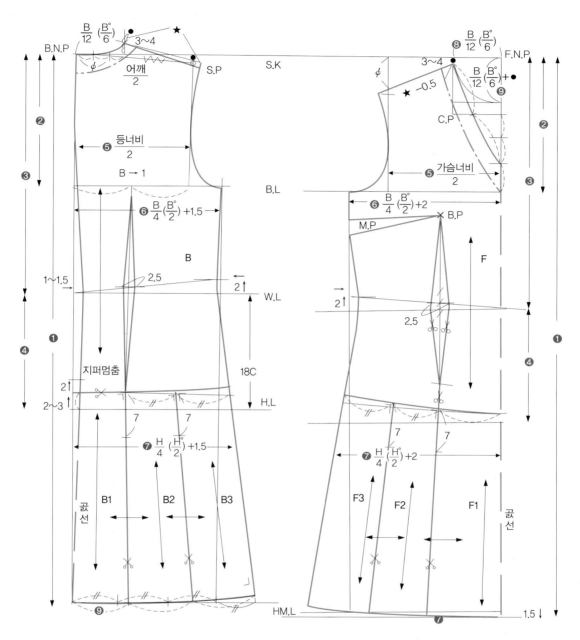

적용 치수	제도설계 순서			
	뒤판(Back)		앞판(Front)	
· 가슴둘레 84	❶ 원피스길이(98)	❻ $\frac{B}{4}\left(\frac{B°}{2}\right)+1.5$	❶ 원피스길이 + 차이치수	❻ $\frac{B}{4}\left(\frac{B°}{2}\right)+2$
· 엉덩이둘레 92				
· 원피스길이 98	❷ 진동깊이 $\frac{B}{4}\left(\frac{B°}{2}\right)$	❼ $\frac{H}{4}\left(\frac{H°}{2}\right)+1.5$	❷ 진동깊이 $\frac{B}{4}\left(\frac{B°}{2}\right)$	❼ $\frac{H}{4}\left(\frac{H°}{2}\right)+2$ 또는 뒤판의 사용량
· 등길이 38				
· 어깨너비 37	❸ 등길이 38	❽ $\frac{B}{12}\left(\frac{B°}{6}\right)$	❸ 앞길이(등길이 + 차이치수)	❽ 목둘레(가로) $\frac{B}{12}\left(\frac{B°}{6}\right)$
· 등너비 34				
· 가슴너비 32	❹ 엉덩이길이(H.L) → 허리선(W.L)에서 18~20 내려줌	❾ $\frac{B}{12}\left(\frac{B°}{6}\right)$에 대한 $\frac{1}{3}$양	❹ 엉덩이길이(H.L) → 허리선(W.L)에서 18~20 내려줌	❾ 목둘레(세로) $\frac{B}{12}\left(\frac{B°}{6}\right)+$ ●
· 유두너비 18				
· 유두길이 24	❺ $\frac{등너비}{2}$		❺ $\frac{가슴너비}{2}$	
· 앞길이 40.5				

2. 로우웨이스트 라인 원피스드레스 칼라 제도설계

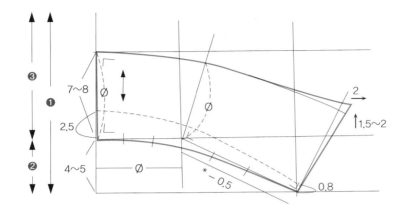

제도설계 적용 치수

- B.N ø(8)
- F.N * 9
- 칼라너비 8

3. 로우웨이스트 라인 원피스드레스 소매 제도설계

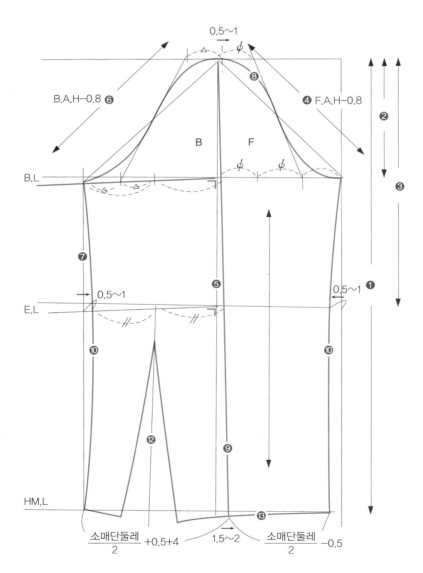

제도설계 순서

❶ 소매길이(56)

❷ 소매산 $\dfrac{F.A.H + B.A.H}{3}$

❸ 팔꿈치선 $\dfrac{소매길이}{2}$ + 3~4

❹ F.A.H(23.5-0.5~0.8)

❺ 소매중심선 긋기

❻ B.A.H(24.5-0.5~0.8)

❼ 소매선 긋기

❽ 소매산 곡선 긋기

❾ 중심선 이동(→ F) 1.5~2

❿ 소매 안선 실선 긋기

⓫ 소매단둘레 적용

⓬ 소매 밑다트 그리기

⓭ 소매 밑단 그리기

4. 로우웨이스트 라인 원피스드레스 패턴 배치도(근접 마킹과 일방향 적용)

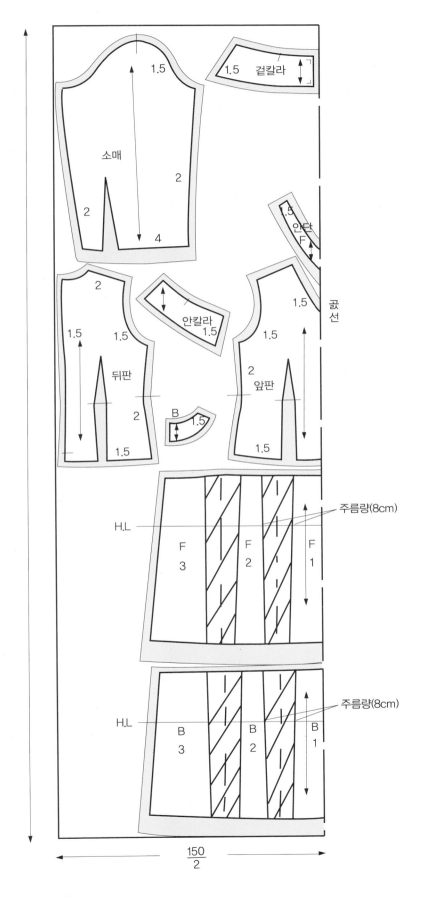

플랫 칼라 원피스드레스
Flat Collar One-Piece Dress

1. 플랫 칼라 원피스드레스 제도설계

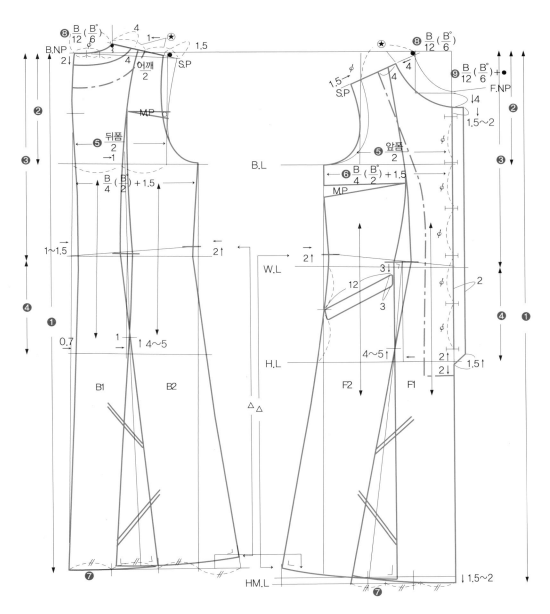

제도설계 순서	
뒤판(Back)	앞판(Front)
❶ 원피스길이(100)	❶ 원피스길이(100 + 차이치수)
❷ 진동깊이 $\frac{B}{4}\left(\frac{B^{\circ}}{2}\right)$	❷ 진동깊이 $\frac{B}{4}\left(\frac{B^{\circ}}{2}\right)$
❸ 등길이	❸ 앞길이(등길이 + 차이치수)
❹ 엉덩이길이(H.L) → 허리선(W.L)에서 18~20 내려줌	❹ 엉덩이길이(H.L) → 허리선(W.L)에서 18~20 내려줌
❺ $\frac{\text{등너비}}{2}$	❺ $\frac{\text{가슴너비}}{2}$
❻ $\frac{B}{4}\left(\frac{B^{\circ}}{2}\right)+1.5$	❻ $\frac{B}{4}\left(\frac{B^{\circ}}{2}\right)+2$
❼ HM.L에서 3등분하여 사용	❼ 뒤판의 옆선길이 재서 옮기기
❽ 목둘레 $\frac{B}{12}\left(\frac{B^{\circ}}{6}\right)$	❽ 목둘레(가로) $\frac{B}{12}\left(\frac{B^{\circ}}{6}\right)$
	❾ 목둘레(세로) $\frac{B}{12}\left(\frac{B^{\circ}}{6}\right)+\bullet$

2. 플랫 칼라 원피스드레스 칼라 제도설계

(1) 방법 1

방법 1은 제도설계된 패턴(Bodice)의 N.L(F.B)을 확인하여 직접 적용 설계하는 방법이다. 표기 ★은 목선의 파임 정도와 플랫의 누임 정도에 따라 증감할 수 있다.

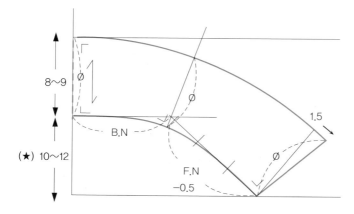

제도설계 적용 치수

- B.N 12.5
- F.N 16.5
- 칼라너비 8

(2) 방법 2

방법 2는 제도설계된 몸판(Bodice) 패턴을 자른 후 옆 N.P를 맞추고 S.P(어깨끝)점을 2~3등분 또는 어깨선을 4등분하여 1/4양만큼 겹친다. 겹친 후에 칼라(Collar) 모양대로 제도한다.

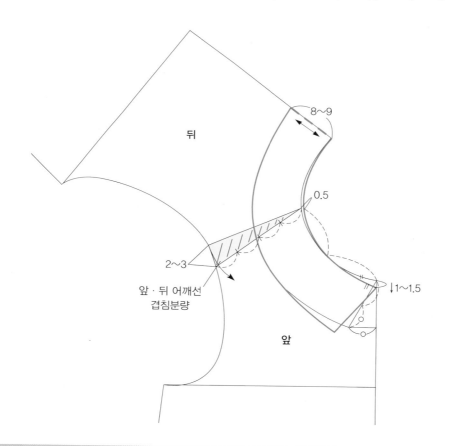

> **Tip**
>
> 칼라 누임 정도에 따라 어깨 겹침량을 증감하여 적용할 수 있다.

3. 플랫 칼라 원피스드레스 소매 제도설계

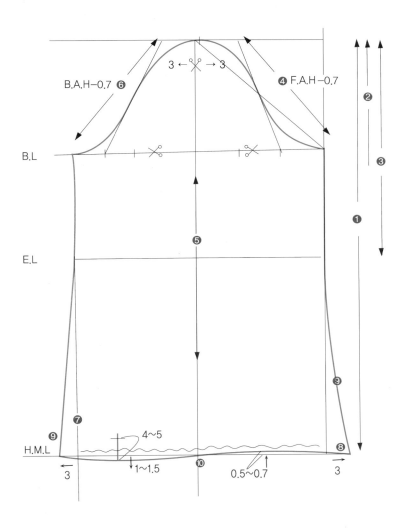

제도설계 순서	
❶ 소매길이(56)	❻ B.A.H(22)
❷ 소매산 $\dfrac{\text{F.A.H+B.A.H}}{3}$	❼ 소매 안선 긋기
❸ 팔꿈치선 $\dfrac{\text{소매길이}}{2} + 3\sim4$	❽ 소매산 양옆으로 3cm 여유
❹ F.A.H 21.5	❾ 소매 안선 실선 긋기
❺ 중심선 긋기	❿ 소매 밑단선 긋기

4. 플랫 칼라 원피스드레스 커프스 제도설계

5. 플랫 칼라 원피스드레스 패턴 배치도

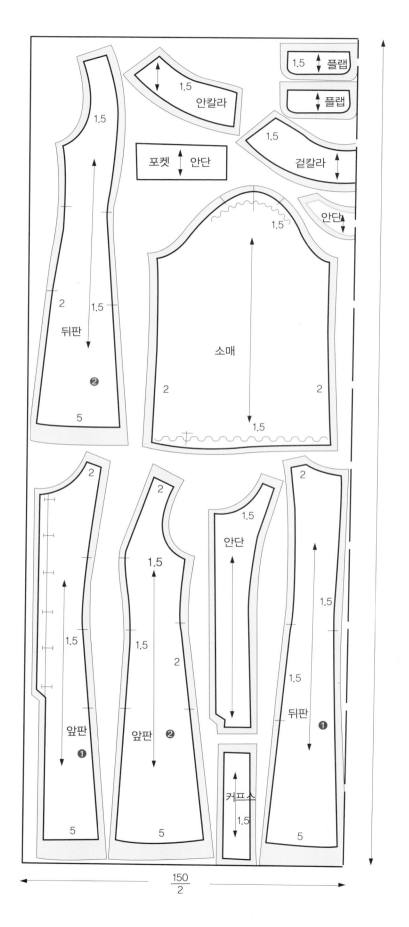

여성복 패턴메이킹

PATTERNMAKING
FOR WOMEN'S
CLOTHES

베스트 & 재킷

베스트 & 재킷

베스트 & 재킷.

재킷은 본래 남성복 슈트에서 유래되었으며, 테일러드 재킷은 가장 격식을 갖춘 기본적인 의복 중의 하나이다.

재킷은 앞이 트인 상의로서 허리와 엉덩이 길이까지 내려오는 의복의 총칭이고, 다양한 디자인 으로 남녀 관계없이 착용할 수 있으며 같은 소재인 재킷과 베스트 팬츠의 조합을 슈트(Suit)라고 한다.

남성복에서 발달한 상의로서의 재킷은 블라우스나 셔츠 블라우스 또는 조끼 위에 착용하는 겉옷 으로 디자인과 색상 무늬 등을 블라우스나 셔츠로 소재나 문양들과 조화를 이룰 수 있도록 고려 해야 한다.

베스트란 소매가 없는 상의를 총칭하며, 블라우스나 셔츠 블라우스와 조합하여 재킷이나 코트 안에 착용하는 의복으로 길이는 허리선보다 위에서부터 총길이까지 다양하게 변용할 수 있다. 베스트는 스포츠웨어에서부터 방한용 재킷까지 다른 의복과 조화를 이루면서 다양하게 활용되 고 있다.

1. 롱 베스트 제도설계

인체를 적절히 피트시키는 패널라인으로 엉덩이를 덮는 길이의 베스트이다.

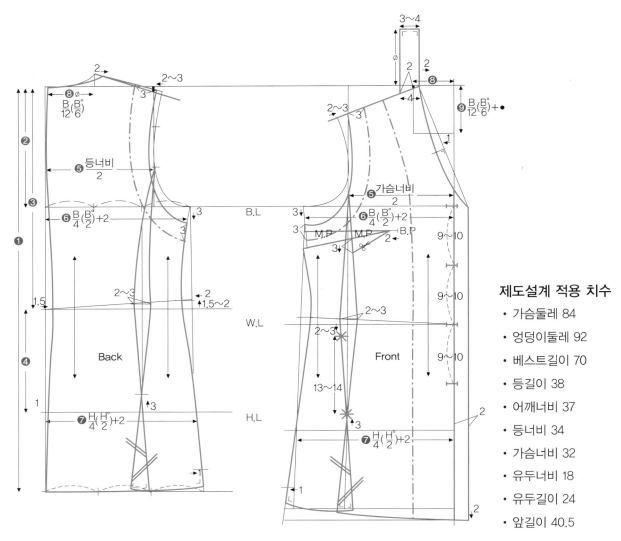

제도설계 적용 치수

- 가슴둘레 84
- 엉덩이둘레 92
- 베스트길이 70
- 등길이 38
- 어깨너비 37
- 등너비 34
- 가슴너비 32
- 유두너비 18
- 유두길이 24
- 앞길이 40.5

제도설계 순서	
뒤판(Back)	앞판(Front)
❶ 베스트길이(70)	❶ 베스트길이 + 차이치수
❷ 진동깊이 $\frac{B}{4}(\frac{B°}{2})$	❷ 진동깊이 $\frac{B}{4}(\frac{B°}{2})$
❸ 등길이 38	❸ 앞길이(등길이 + 차이치수)
❹ 엉덩이길이(H.L) → 허리선(W.L)에서 18~20 내려줌	❹ 엉덩이길이(H.L) → 허리선(W.L)에서 18~20 내려줌
❺ $\frac{등너비}{2}$	❺ $\frac{가슴너비}{2}$
❻ $\frac{B}{4}(\frac{B°}{2})+2$	❻ $\frac{B}{4}(\frac{B°}{2})+2$
❼ $\frac{H}{4}(\frac{H°}{2})+2$ 또는 밑단의 $\frac{1}{3}$ 양	❼ $\frac{H}{4}(\frac{H°}{2})+2$ 또는 뒤판의 사용량
❽ 목둘레 $\frac{B}{12}(\frac{B°}{6})$	❽ 목둘레(가로) $\frac{B}{12}(\frac{B°}{6})$
❾ $\frac{B}{12}(\frac{B°}{6})$에 대한 $\frac{1}{3}$ 양	❾ 목둘레(세로) $\frac{B}{12}(\frac{B°}{6})$ + ●

2. 롱 베스트 패턴 배치도

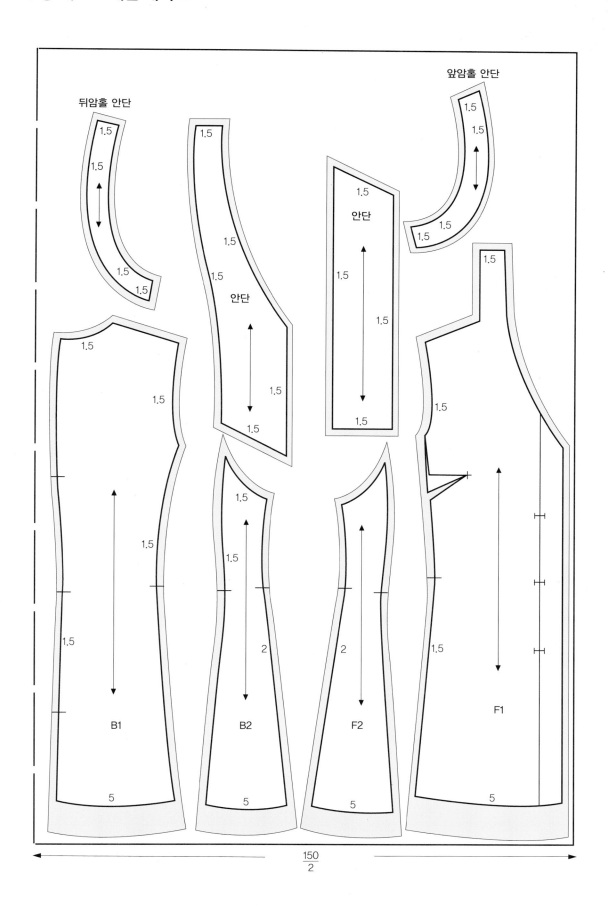

뒤암홀 안단

앞암홀 안단

안단

안단

1.5

B1

B2

F2

F1

5

$\frac{150}{2}$

숄 칼라 래글런 슬리브 재킷
Shawl Collar Raglan Sleeve Jacket

1. 숄 칼라 래글런 슬리브 재킷 제도설계

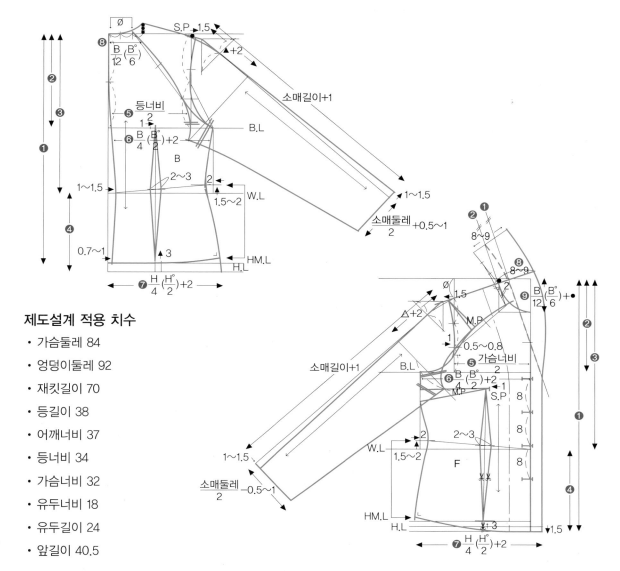

제도설계 적용 치수

- 가슴둘레 84
- 엉덩이둘레 92
- 재킷길이 70
- 등길이 38
- 어깨너비 37
- 등너비 34
- 가슴너비 32
- 유두너비 18
- 유두길이 24
- 앞길이 40.5

제도설계 순서	
뒤판(Back)	앞판(Front)
❶ 재킷길이(70)	❶ 재킷길이 + 차이치수
❷ 진동깊이 $\dfrac{B}{4}\left(\dfrac{B°}{2}\right)$	❷ 진동깊이 $\dfrac{B}{4}\left(\dfrac{B°}{2}\right)$
❸ 등길이(38)	❸ 앞길이(등길이 + 차이치수)
❹ 엉덩이길이(H.L) → 허리선(W.L)에서 18~20 내려줌	❹ 엉덩이길이(H.L) → 허리선(W.L)에서 18~20 내려줌
❺ $\dfrac{등너비}{2}$	❺ $\dfrac{가슴너비}{2}$
❻ $\dfrac{B}{4}\left(\dfrac{B°}{2}\right)+2$	❻ $\dfrac{B}{4}\left(\dfrac{B°}{2}\right)+2$
❼ $\dfrac{H}{4}\left(\dfrac{H°}{2}\right)+2$ 또는 밑단의 $\dfrac{1}{3}$ 양	❼ $\dfrac{H}{4}\left(\dfrac{H°}{2}\right)+2$ 또는 뒤판의 사용량
❽ 목둘레 $\dfrac{B}{12}\left(\dfrac{B°}{6}\right)$	❽ 목둘레(가로) $\dfrac{B}{12}\left(\dfrac{B°}{6}\right)$
❾ $\dfrac{B}{12}\left(\dfrac{B°}{6}\right)$에 대한 $\dfrac{1}{3}$ 양	❾ 목둘레(세로) $\dfrac{B}{12}\left(\dfrac{B°}{6}\right)$ + ●

2. 숄 칼라 래글런 슬리브 재킷 래글런 슬리브 제도설계

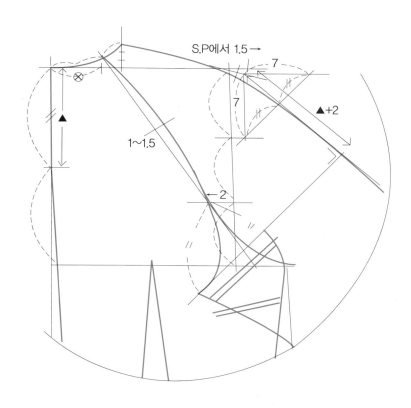

래글런 슬리브 각도 설정방법
[Back]

· S.P(어깨점)에서 1.5cm 나간 후 뒤
  중심선과 평행선을 긋고 그 선과
  직각이 되게 하여 각 이등분한다.
· 디자인에 따라 각도(소매기울기)
  와 소매산에 해당되는 (▲＋2)를
  응용 전개할 수 있다.

래글런 슬리브 각도 설정방법
[Front]

· S.P(어깨점)에서 1.5cm 나간 후 앞
  중심선과 평행선을 긋고 그 선과
  직각이 되게 하여 각 이등분한다.
· 꼭짓점과 이등분점을 직선 연결하
  여 소매길이를 설정한다.

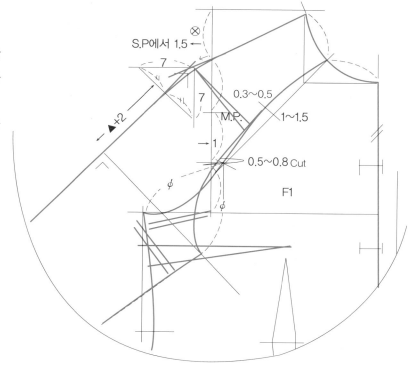

3. 숄 칼라 래글런 슬리브 재킷 패턴 배치도(일방향)

- 근접마킹과 일방향 마킹-

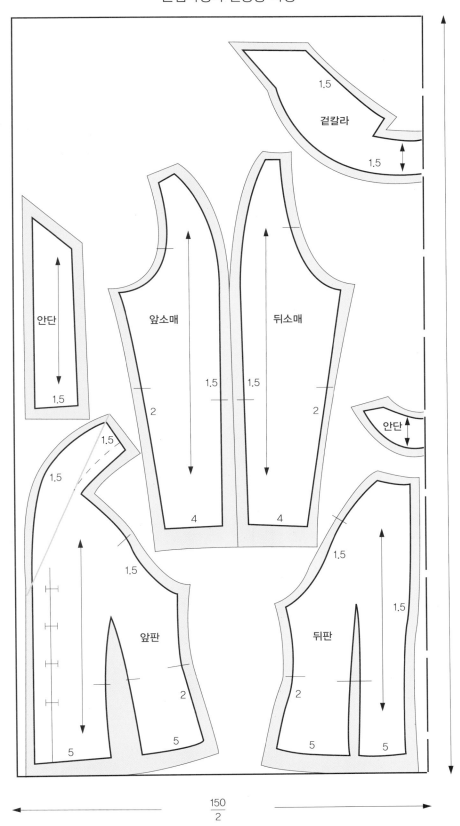

겉칼라

1.5

1.5

안단

1.5

앞소매

뒤소매

1.5

1.5

2

2

4

4

안단

1.5

1.5

1.5

1.5

앞판

뒤판

1.5

2

2

5

5

5

5

$$\frac{150}{2}$$

1. 하이넥 칼라 재킷 제도설계

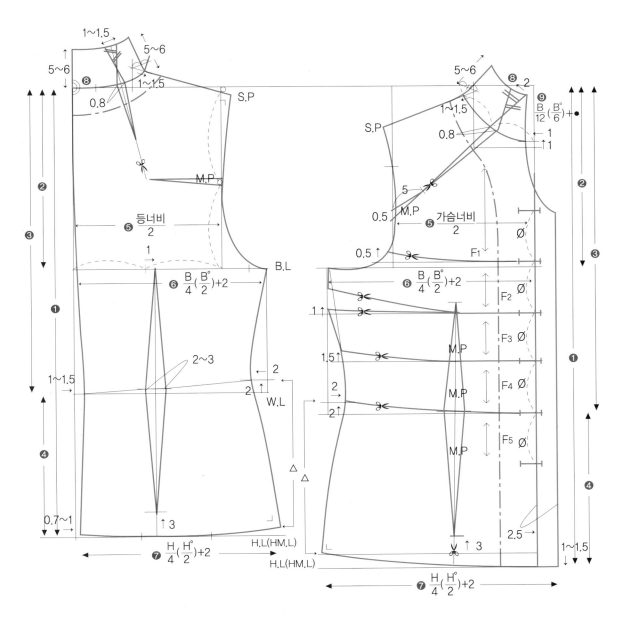

제도설계 순서	
뒤판(Back)	**앞판(Front)**
❶ 재킷길이(56)	❶ 재킷길이(60 + 차이치수)
❷ 진동깊이 $\frac{B}{4}\left(\frac{B°}{2}\right)+1$	❷ 진동깊이 $\frac{B}{4}\left(\frac{B°}{2}\right)+1$
❸ 등길이(38)	❸ 앞길이(등길이 + 차이치수)
❹ 엉덩이길이(H.L) → 허리선(W.L)에서 18~20 내려줌	❹ 엉덩이길이(H.L) → 허리선(W.L)에서 18~20 내려줌
❺ $\frac{\text{등너비}}{2}$	❺ $\frac{\text{가슴너비}}{2}$
❻ $\frac{B}{4}\left(\frac{B°}{2}\right)+2$	❻ $\frac{B}{4}\left(\frac{B°}{2}\right)+2$
❼ $\frac{H}{4}\left(\frac{H°}{2}\right)+2$	❼ $\frac{H}{4}\left(\frac{H°}{2}\right)+2$
❽ 목둘레 $\frac{B}{12}\left(\frac{B°}{6}\right)$	❽ 목둘레(가로) $\frac{B}{12}\left(\frac{B°}{6}\right)$
	❾ 목둘레(세로) $\frac{B}{12}\left(\frac{B°}{6}\right)+●$

2. 하이넥 칼라 재킷 소매 제도설계

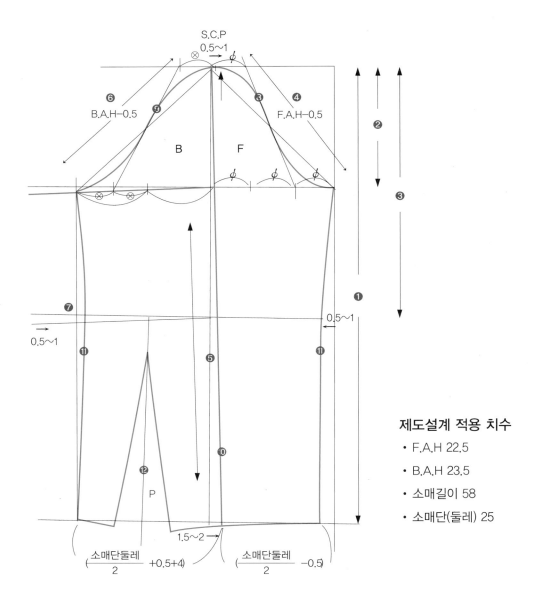

제도설계 적용 치수

- F.A.H 22.5
- B.A.H 23.5
- 소매길이 58
- 소매단(둘레) 25

제도설계 순서	
❶ 소매길이(58)	❼ 소매 안선 긋기
❷ 소매산 높이 $\dfrac{AH(F+B)}{3}$	❽ 앞판 소매산 실선 긋기
❸ 팔꿈치선 $\dfrac{소매길이}{2}$+3~4	❾ 뒤판 소매산 실선 긋기
❹ F.A.H 22	❿ 중심선 이동
❺ 중심선 긋기	⓫ 소매 안단선 실선 긋기
❻ B.A.H 23	⓬ 소매단 밑단 및 다트 그리기

3. 하이넥 칼라 재킷 하이넥 칼라 제도설계(확대도)

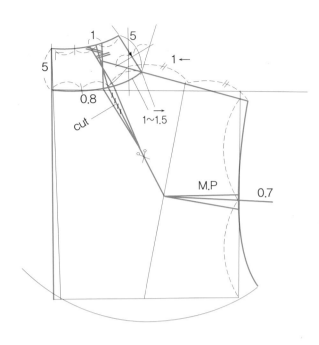

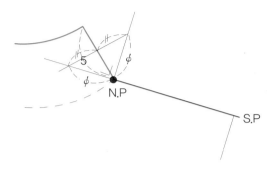

목선 각도 설정방법
[Back]

- 옆 N.P에서 어깨선과 직각을 그린 후 각 이등분하여 꼭짓점과 이등분점을 직선 연결하여 넥라인의 각도를 설정한 후 디자인에 따른 칼라 높이를 그려준다.

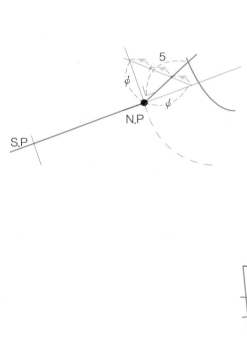

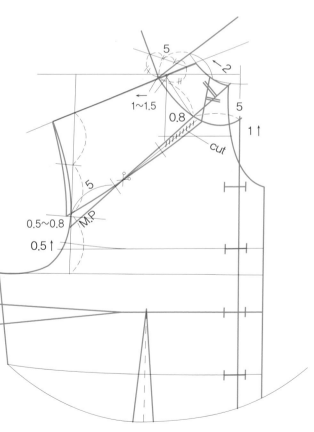

목선 각도 설정방법
[Front]

- 옆 N.P에서 어깨선과 직각을 그린 후 직각을 삼등분하여 꼭짓점과 삼등분점을 직선 연결한다. 이렇게 직선 연결을 한 후에 디자인에 따른 칼라 높이를 설정한다.

4. 하이넥 칼라 재킷 하이넥 칼라 패턴 배치도(전개도)

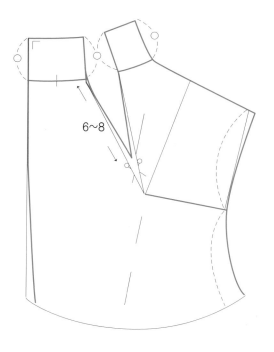

6~8

목선 각도 설정방법

[Back]

• 뒤판 다트길이는 목선에서 6~8cm 정도로 설정한다.

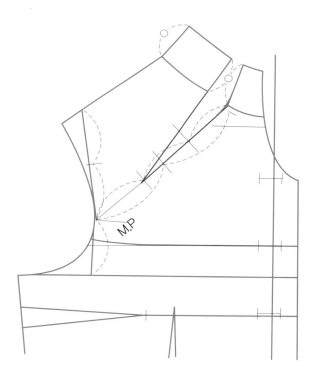

M.P

목선 각도 설정방법

[Front]

• 앞판 다트길이는 목선에서 겨드랑이 선까지 2/3 정도
  의 길이 또는 이등분 정도 길이에서 설정한다.

5. 하이넥 칼라 재킷 패턴 배치도(일방향)

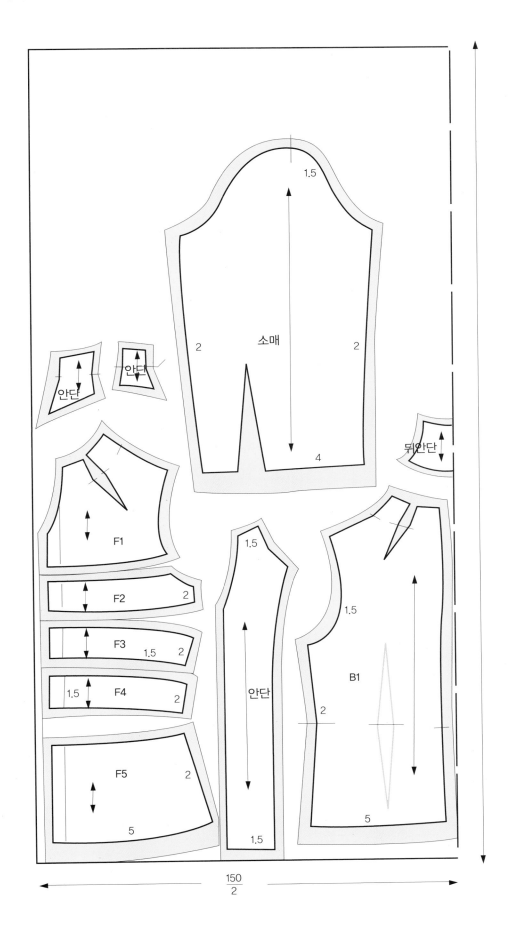

하프 롤 칼라 재킷
Half Roll Collar Jacket

1. 하프 롤 칼라 재킷 제도설계

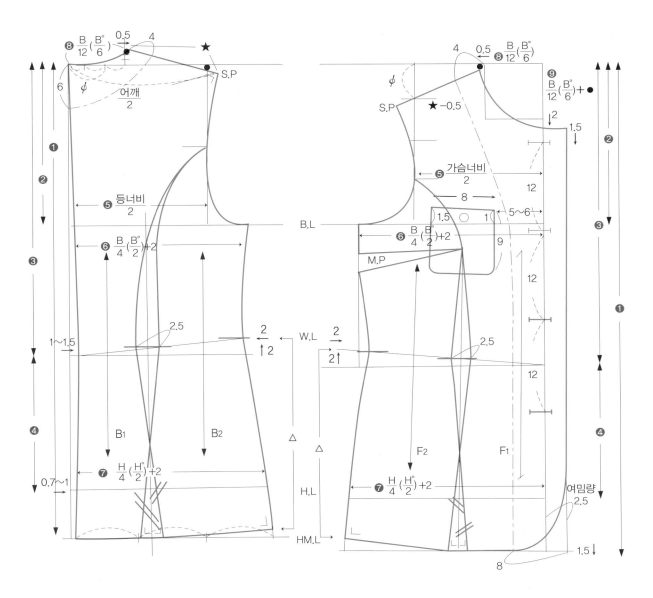

제도설계 순서	
뒤판(Back)	앞판(Front)
❶ 재킷길이(65)	❶ 재킷길이(60 + 차이치수)
❷ 진동깊이 $\frac{B}{4}\left(\frac{B°}{2}\right)+1$	❷ 진동깊이 $\frac{B}{4}\left(\frac{B°}{2}\right)+1$
❸ 등길이(38)	❸ 앞길이(등길이 + 차이치수)
❹ 엉덩이길이(H.L) → 허리선(W.L)에서 18~20 내려줌	❹ 엉덩이길이(H.L) → 허리선(W.L)에서 18~20 내려줌
❺ $\frac{등너비}{2}$	❺ $\frac{가슴너비}{2}$
❻ $\frac{B}{4}\left(\frac{B°}{2}\right)+2$	❻ $\frac{B}{4}\left(\frac{B°}{2}\right)+2$
❼ $\frac{H}{4}\left(\frac{H°}{2}\right)+2$	❼ $\frac{H}{4}\left(\frac{H°}{2}\right)+2$
❽ 목둘레 $\frac{B}{12}\left(\frac{B°}{6}\right)$	❽ 목둘레(가로) $\frac{B}{12}\left(\frac{B°}{6}\right)$
	❾ 목둘레(세로) $\frac{B}{12}\left(\frac{B°}{6}\right)+●$

2. 하프 롤 칼라 재킷 하프 롤 칼라 제도설계

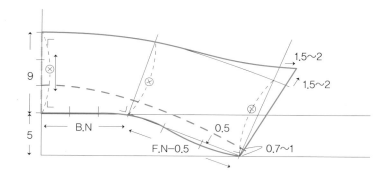

제도설계 적용 치수

- B.N 10
- F.N 12.5
- 칼라너비 9

3. 하프 롤 칼라 재킷 두 장 소매 제도설계

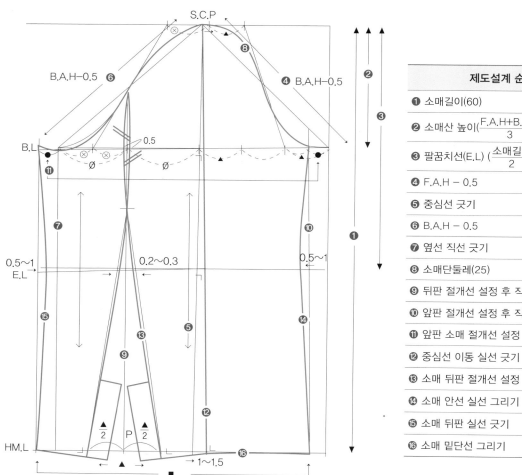

제도설계 순서
❶ 소매길이(60)
❷ 소매산 높이($\frac{F.A.H+B.A.H}{3}$)
❸ 팔꿈치선(E.L) ($\frac{소매길이}{2}$)+3~4
❹ F.A.H − 0.5
❺ 중심선 긋기
❻ B.A.H − 0.5
❼ 옆선 직선 긋기
❽ 소매단둘레(25)
❾ 뒤판 절개선 설정 후 직선 긋기
❿ 앞판 절개선 설정 후 직선 긋기
⓫ 앞판 소매 절개선 설정
⓬ 중심선 이동 실선 긋기
⓭ 소매 뒤판 절개선 설정
⓮ 소매 안선 실선 그리기
⓯ 소매 뒤판 실선 긋기
⓰ 소매 밑단선 그리기

Tip

소매둘레 계산방법

■ − 소매둘레(25) =▲일 때 ▲를 P위치에서 빼고 남는 양이 구하고자 하는 치수이다.

4. 하프 롤 칼라 재킷 패턴 배치도(일방향)

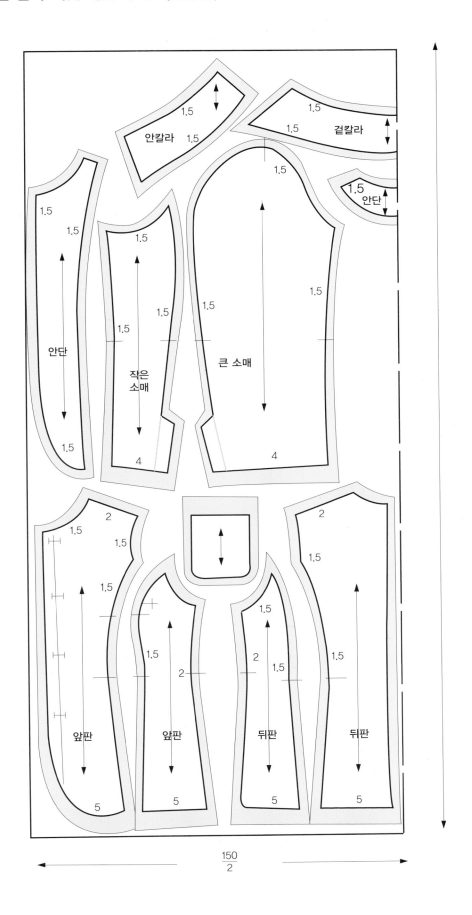

1. 하프 롤 칼라 페플럼 재킷 제도설계

페플럼 재킷(Peplum Jacket)은 허리선을 절개한 후 허리선에서 밑단까지의 길이이며 밑단에 플레어를 넣을 수 있는 디자인이다. 부드러운 선을 이루며 여성스럽게 보이는 디자인으로 젊은 여성들에게 잘 어울리며 즐겨 입을 수 있는 아이템 중의 하나이다.

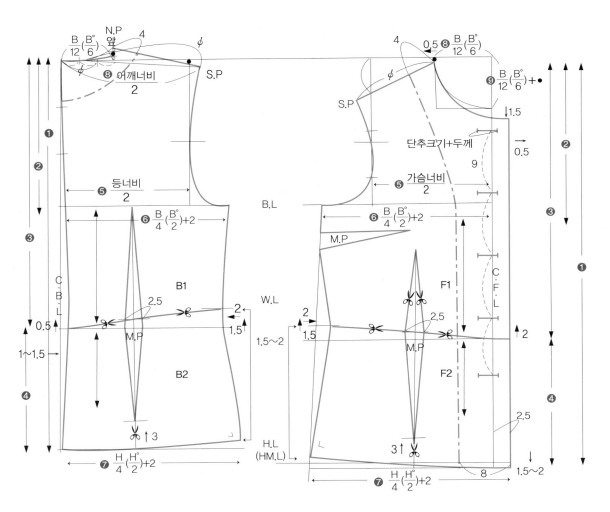

제도설계 순서	
뒤판(Back)	**앞판(Front)**
❶ 재킷길이(58)	❶ 재킷길이(60 + 차이치수)
❷ 진동깊이 $\frac{B}{4}(\frac{B°}{2})+1$	❷ 진동깊이 $\frac{B}{4}(\frac{B°}{2})+1$
❸ 등길이(38)	❸ 앞길이(등길이 + 차이치수)
❹ 엉덩이길이(H.L) → 허리선(W.L)에서 18~20 내려줌	❹ 엉덩이길이(H.L) → 허리선(W.L)에서 18~20 내려줌
❺ $\frac{등너비}{2}$	❺ $\frac{가슴너비}{2}$
❻ $\frac{B}{4}(\frac{B°}{2})+2$	❻ $\frac{B}{4}(\frac{B°}{2})+2$
❼ $\frac{H}{4}(\frac{H°}{2})+2$	❼ $\frac{H}{4}(\frac{H°}{2})+2$
❽ 목둘레 $\frac{B}{12}(\frac{B°}{6})$	❽ 목둘레(가로) $\frac{B}{12}(\frac{B°}{6})$
	❽ 목둘레(세로) $\frac{B}{12}(\frac{B°}{6}) + ●$

2. 하프 롤 칼라 페플럼 재킷 하프 롤 칼라 제도설계

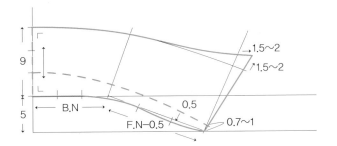

제도설계 적용 치수

- B.N 9.5
- F.N 12.5
- 칼라너비 8~9

3. 하프 롤 칼라 페플럼 재킷 두 장 소매 제도설계

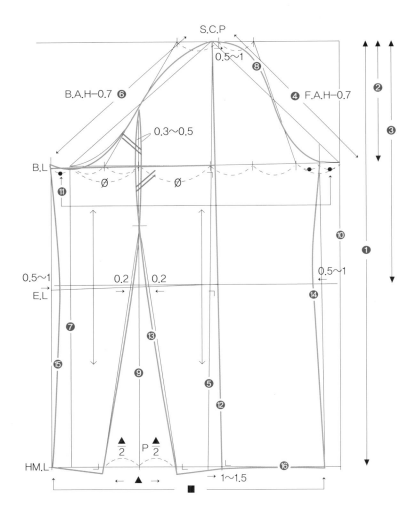

제도설계 적용 치수

- F.A.H 21.5
- B.A.H 22.5
- 소매길이 56
- 소매단둘레 25

제도설계 순서
❶ 소매길이(56)
❷ 소매산 높이($\frac{F.A.H+B.A.H}{3}$)
❸ 팔꿈치선(E.L) ($\frac{소매길이}{2}$)+3~4
❹ F.A.H − 0.5
❺ 중심선 긋기
❻ B.A.H − 0.5
❼ 옆선 직선 긋기
❽ 소매단둘레(25)
❾ 뒤판 절개선 설정 후 직선 긋기
❿ 앞판 절개선 설정 후 직선 긋기
⓫ 앞판 소매 절개선 설정
⓬ 중심선 이동 실선 긋기
⓭ 소매 뒤판 절개선 설정
⓮ 소매 안선 실선 그리기
⓯ 소매 뒤판 실선 긋기
⓰ 소매 밑단선 그리기

Tip

소매둘레 계산방법

■ − 소매둘레(25)=▲일 때 ▲를 P위치에서 빼고 남는 양이 구하고자 하는 소매단 둘레 치수가 된다.

4. 하프 롤 칼라 페플럼 재킷 패턴 배치도(일방향)

- 근접마킹과 일방향 마킹 -

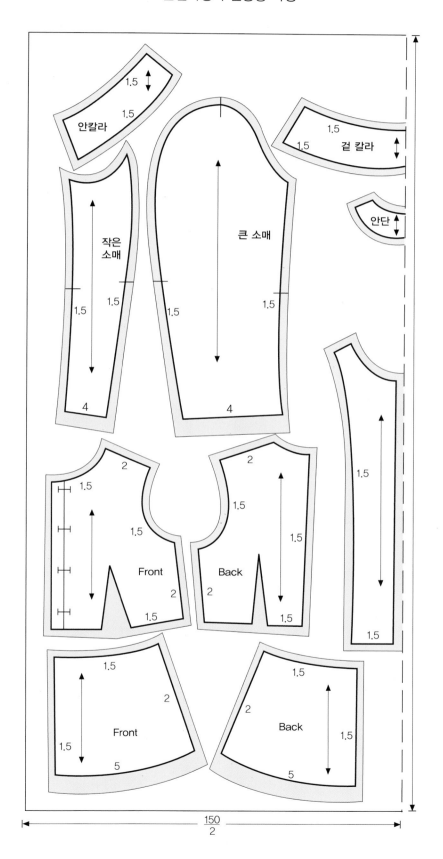

1. 하프 롤 칼라 프릴 재킷 제도설계

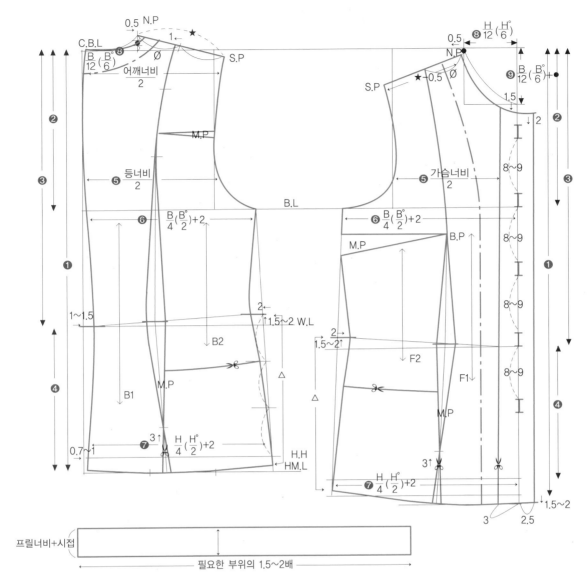

제도설계 순서	
뒤판(Back)	**앞판(Front)**
❶ 재킷길이(60)	❶ 재킷길이(60 + 차이치수)
❷ 진동깊이 $\frac{B}{4}\left(\frac{B°}{2}\right)+1$	❷ 진동깊이 $\frac{B}{4}\left(\frac{B°}{2}\right)+1$
❸ 등길이(38)	❸ 앞길이(등길이 + 차이치수)
❹ 엉덩이길이(H.L) → 허리선(W.L)에서 18~20 내려줌	❹ 엉덩이길이(H.L) → 허리선(W.L)에서 18~20 내려줌
❺ $\frac{등너비}{2}$	❺ $\frac{가슴너비}{2}$
❻ $\frac{B}{4}\left(\frac{B°}{2}\right)+2$	❻ $\frac{B}{4}\left(\frac{B°}{2}\right)+2$
❼ $\frac{H}{4}\left(\frac{H°}{2}\right)+2$	❼ $\frac{H}{4}\left(\frac{H°}{2}\right)+2$
❽ 목둘레 $\frac{B}{12}\left(\frac{B°}{6}\right)$	❽ 목둘레(가로) $\frac{B}{12}\left(\frac{B°}{6}\right)$
	❾ 목둘레(세로) $\frac{B}{12}\left(\frac{B°}{6}\right)$ + ●

2. 하프 롤 칼라 프릴 재킷 하프 롤 칼라 제도설계

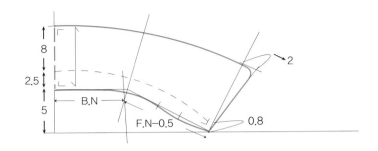

제도설계 적용 치수

- B.N 9
- F.N 12
- 칼라너비 8

3. 하프 롤 칼라 프릴 재킷 두 장 소매 제도설계

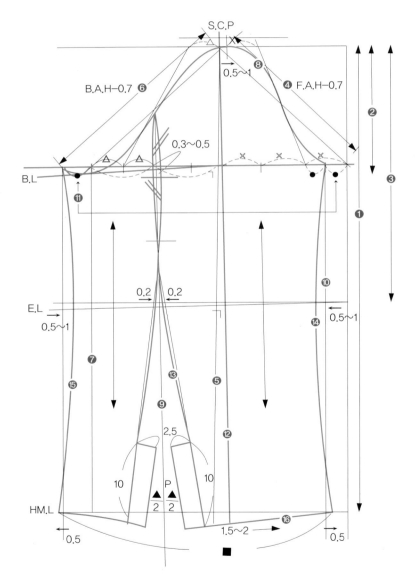

제도설계 적용 치수

- F.A.H 22
- B.A.H 23
- 소매길이 58
- 소매단둘레 25

제도설계 순서
❶ 소매길이(56)
❷ 소매산 높이($\frac{F.A.H+B.A.H}{3}$)
❸ 팔꿈치선(E.L) ($\frac{소매길이}{2}$)+3~4
❹ F.A.H − 0.5
❺ 중심선 긋기
❻ B.A.H − 0.5
❼ 옆선 직선 긋기
❽ 소매단둘레(25)
❾ 뒤판 절개선 설정 후 직선 긋기
❿ 앞판 절개선 설정 후 직선 긋기
⓫ 앞판 소매 절개선 설정
⓬ 중심선 이동 실선 긋기
⓭ 소매 뒤판 절개선 설정
⓮ 소매 안선 실선 그리기
⓯ 소매 뒤판 실선 긋기
⓰ 밑단선 그리기

Tip

소매둘레 계산방법

■ − 소매둘레(25)=▲일 때 ▲를 P위치에서 빼고 남는 양이 구하고자 하는 소매단 둘레치수가 된다.

4. 하프 롤 칼라 프릴 재킷 패턴 배치도

– 근접마킹과 일방향 마킹 –

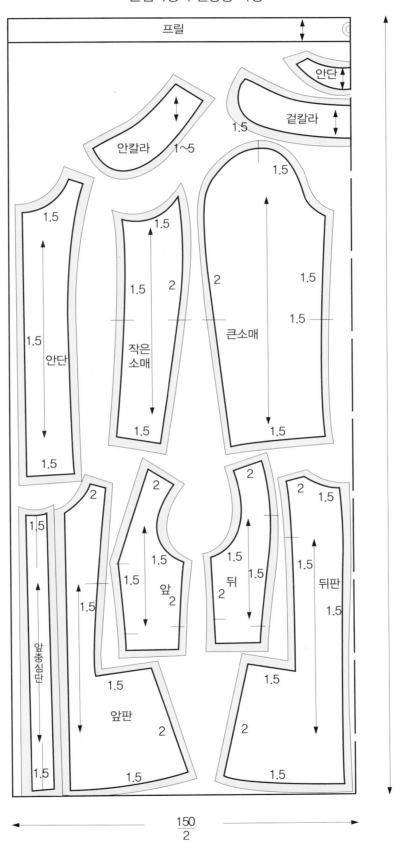

프릴

안단

겉칼라

안칼라 1~5

1.5

1.5

1.5

안단 1.5 1.5

작은 소매 1.5 2

큰소매 2 1.5

1.5

1.5 1.5

1.5 1.5

앞솔기심단 1.5

2 2 2 2

1.5 1.5 1.5 1.5 뒤판 1.5

1.5 앞 2 뒤 2 1.5

1.5

1.5 1.5 1.5

앞판 1.5 2 2 1.5

1.5 1.5 1.5

$\dfrac{150}{2}$

1. 테일러드 칼라 재킷 제도설계

테일러드 칼라 재킷(Tailored Collar Jacket)은 몸판 옆선 앞판과 뒤판이 라인 없이 1장으로 붙여서 만든 재킷으로 제작 또는 분리 제작이 가능하다.

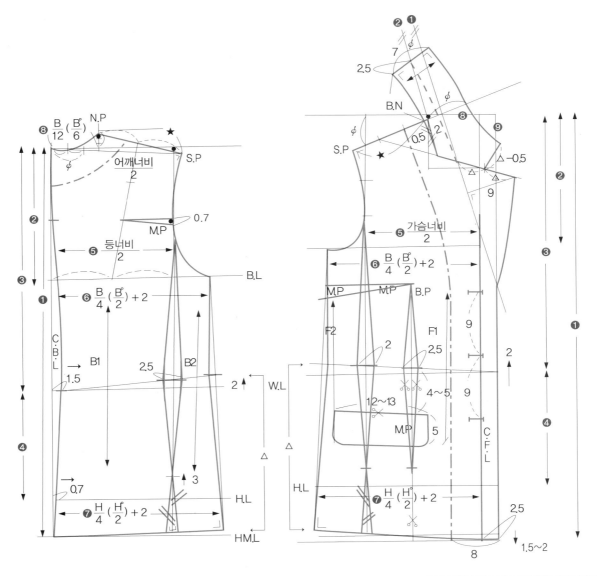

제도설계 순서	
뒤판(Back)	**앞판(Front)**
❶ 재킷길이(60)	❶ 재킷길이(60 + 차이치수)
❷ 진동깊이 $\frac{B}{4}\left(\frac{B°}{2}\right)+1$	❷ 진동깊이 $\frac{B}{4}\left(\frac{B°}{2}\right)+1$
❸ 등길이(38)	❸ 앞길이(등길이 + 차이치수)
❹ 엉덩이길이(H.L) → 허리선(W.L)에서 18~20 내려줌	❹ 엉덩이길이(H.L) → 허리선(W.L)에서 18~20 내려줌
❺ $\frac{등너비}{2}$	❺ $\frac{가슴너비}{2}$
❻ $\frac{B}{4}\left(\frac{B°}{2}\right)+2$	❻ $\frac{B}{4}\left(\frac{B°}{2}\right)+2$
❼ $\frac{H}{4}\left(\frac{H°}{2}\right)+2$	❼ $\frac{H}{4}\left(\frac{H°}{2}\right)+2$
❽ 목둘레 $\frac{B}{12}\left(\frac{B°}{6}\right)$	❽ 목둘레(가로) $\frac{B}{12}\left(\frac{B°}{6}\right)$
	❾ 목둘레세로 $\frac{B}{12}\left(\frac{B°}{6}\right)+$ ●

2. 테일러드 칼라 재킷 소매 제도설계

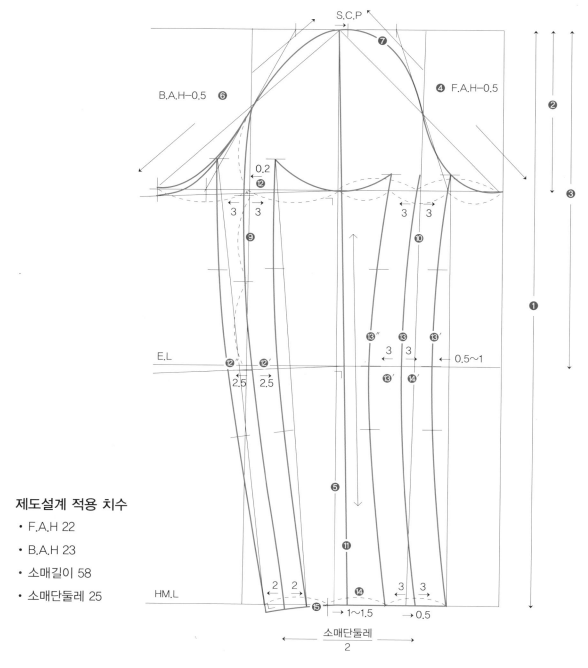

제도설계 적용 치수

- F.A.H 22
- B.A.H 23
- 소매길이 58
- 소매단둘레 25

제도설계 순서	
❶ 소매길이(58)	❾ 소매 뒤판 절개선 나누기
❷ 소매산 높이($\frac{F.A.H+B.A.H}{3}$)	❿ 소매 앞판 절개선 나누기
❸ 팔꿈치선(E.L) ($\frac{소매길이}{2}$)+3~4cm	⓫ 중심선 이동
❹ F.A.H − 0.5	⓬ 0.2 ⓬′ ⓬″ 평행선 긋기
❺ 중심선 긋기	⓭ 3 ⓭′ ⓭″ 평행선 긋기
❻ B.A.H − 0.5	⓮ 소매 밑단선 직각처리
❼ 옆선 직선 긋기	⓯ 소매 밑단선 정리
❽ 소매단둘레(25)	

3. 테일러드 칼라 재킷 테일러드 칼라(확대도)

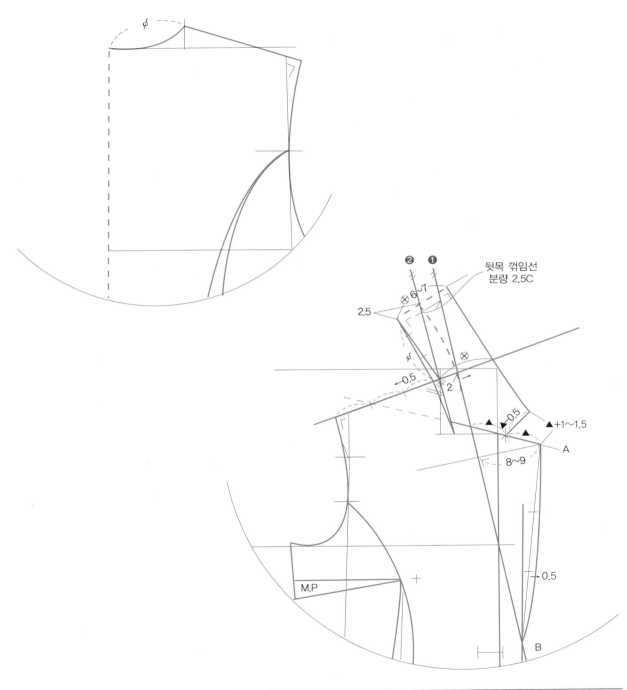

제도설계 순서	
❶ B.N(∅) 치수 확인	❻ ❷와 직각을 이루면서(2.5C) 설정 칼라를 그린다.
❷ (F.N.P)에서 2를 나간다.(→ 방향)	❼ 뒤 칼라 너비는 6~7을 적용하고 반드시 직각이 되게 한다.
❸ ❷선을 넥포인트(N.P)에서 2C 떨어진 Lapel선과 평행하게 직선을 긋는다. ❷선에 적용한다.	❽ 앞 칼라(라펠)의 너비는 Lapel 선에서 직각이 이루어지면서 8~9 너비가 되게 설정한다.(A)
❹ 앞판 칼라(라펠) 기울기는 앞중심 목점과 어깨선의 점을 연결한 선으로 기울기를 정한다.(A)	❾ A점과 B점은 연결선을 약간 곡선이 형성되도록 곡선으로 그린다.
❺ N.P에서 ❷선에 B.N치수를 적용한다.	

4. 테일러드 칼라 재킷 패턴 배치도

– 근접마킹과 일방향 마킹 –

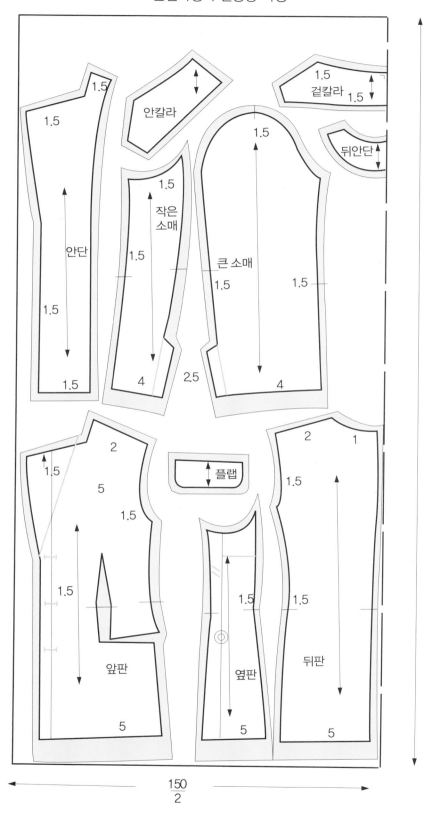

$$\frac{150}{2}$$

1. 피크드 칼라 테일러드 재킷 제도설계

피크드 칼라 테일러드 재킷은 프린세스 라인을 적용한 모던한 실루엣이다. 연령이나 체형, 유행에 따라 라펠의 크기나 재킷길이에 변화를 주면서 즐겨 착용할 수 있는 아이템 중의 하나이다.

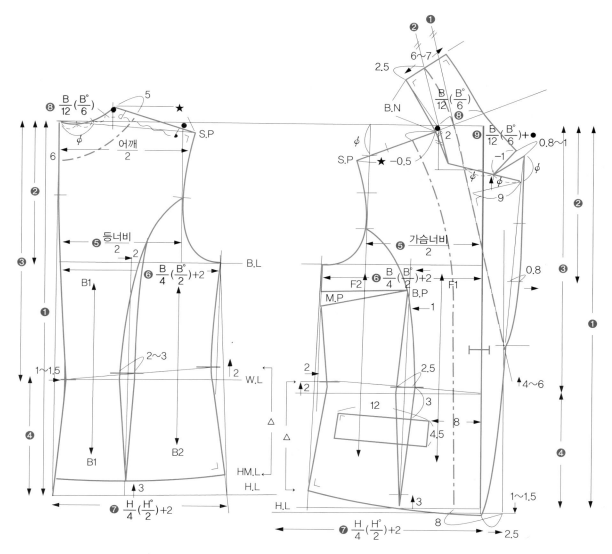

제도설계 순서	
뒤판(Back)	앞판(Front)
❶ 재킷길이(53)	❶ 재킷길이(60＋차이치수)
❷ 진동깊이 $\frac{B}{4}(\frac{B^{\circ}}{2})+1$	❷ 진동깊이 $\frac{B}{4}(\frac{B^{\circ}}{2})+1$
❸ 등길이(38)	❸ 앞길이(등길이＋차이치수)
❹ 엉덩이길이(H.L) → 허리선(W.L)에서 18〜20 내려줌	❹ 엉덩이길이(H.L) → 허리선(W.L)에서 18〜20 내려줌
❺ $\frac{등너비}{2}$	❺ $\frac{가슴너비}{2}$
❻ $\frac{B}{4}(\frac{B^{\circ}}{2})+2$	❻ $\frac{B}{4}(\frac{B^{\circ}}{2})+2$
❼ $\frac{H}{4}(\frac{H^{\circ}}{2})+2$	❼ $\frac{H}{4}(\frac{H^{\circ}}{2})+2$
❽ 목둘레 $\frac{B}{12}(\frac{B^{\circ}}{6})$	❽ 목둘레(가로) $\frac{B}{12}(\frac{B^{\circ}}{6})$
	❾ 목둘레(세로) $\frac{B}{12}(\frac{B^{\circ}}{6})+$ ●

2, 피크드 칼라 테일러드 재킷 소매 제도설계

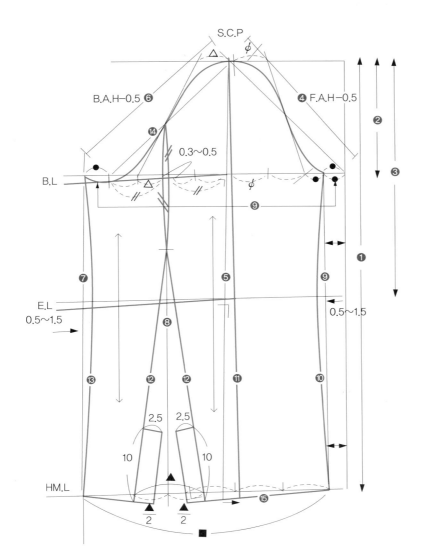

제도설계 적용 치수

- F.A.H 22
- B.A.H 23
- 소매길이 56
- 소매단둘레 25

제도설계 순서			
❶ 소매길이(56)	❺ 중심선 긋기	❾ 앞판 절개선 설정 후 실선 긋기	⑬ 소매 안선 실선 그리기
❷ 소매산 높이($\frac{F.A.H+B.A.H}{3}$)	❻ B.A.H − 0.5	❿ 앞판 소매 절개선 설정 후 뒤판으로 이동	⑭ 뒤판 소매산 실선 보정선 긋기
❸ 팔꿈치선(E.L) ($\frac{소매길이}{2}$)+3~4	❼ 옆선 직선 긋기	⑪ 중심선 이동 실선 긋기	⑮ 소매 밑단선 그리기
❹ F.A.H − 0.5	❽ 뒤판 절개선 설정 후 직선 긋기	⑫ 소매 뒤판 절개선 실선 긋기	

Tip

소매둘레 계산방법

소매단둘레(25)

제도소매둘레 → ■

■ − 인체측정 치수(25) = ▲일 때 ▲를 P위치에서 제거하고 남는 양이 구하고자 하는 단둘레 치수이다.

예 (■) 제도설계 치수(34.5) − 인체측정치수(25) = ▲

3. 피크드 칼라 테일러드 재킷 패턴 배치도

- 근접마킹과 일방향 마킹 -

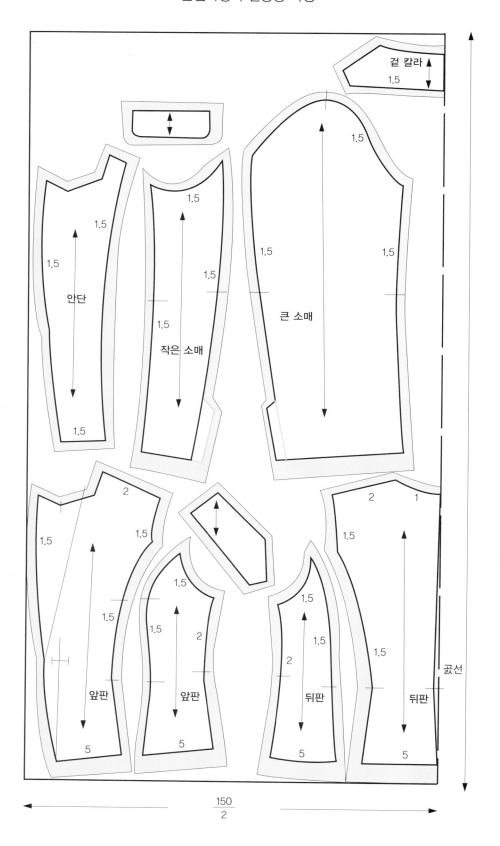

피크드 칼라 페플럼 재킷
Peaked Collar Peplum Jacket

1. 피크드 칼라 페플럼 재킷 제도설계

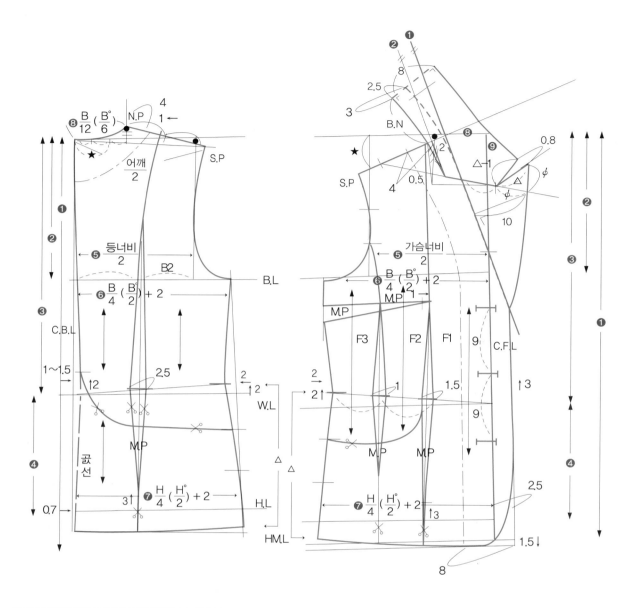

제도설계 순서	
뒤판(Back)	**앞판(Front)**
❶ 재킷길이(60)	❶ 재킷길이(60 + 차이치수)
❷ 진동깊이 $\frac{B}{4}(\frac{B°}{2})+1$	❷ 진동깊이 $\frac{B}{4}(\frac{B°}{2})+1$
❸ 등길이(38)	❸ 앞길이(등길이 + 차이치수)
❹ 엉덩이길이(H.L) → 허리선(W.L)에서 18~20 내려줌	❹ 엉덩이길이(H.L) → 허리선(W.L)에서 18~20 내려줌
❺ $\frac{등너비}{2}$	❺ $\frac{가슴너비}{2}$
❻ $\frac{B}{4}(\frac{B°}{2})+2$	❻ $\frac{B}{4}(\frac{B°}{2})+2$
❼ $\frac{H}{4}(\frac{H°}{2})+2$	❼ $\frac{H}{4}(\frac{H°}{2})+2$
❽ 목둘레 $\frac{B}{12}(\frac{B°}{6})$	❽ 목둘레(가로) $\frac{B}{12}(\frac{B°}{6})$
	❾ 목둘레(세로) $\frac{B}{12}(\frac{B°}{6})+$ ●

2. 피크드 칼라 페플럼 재킷 두 장 소매 제도설계

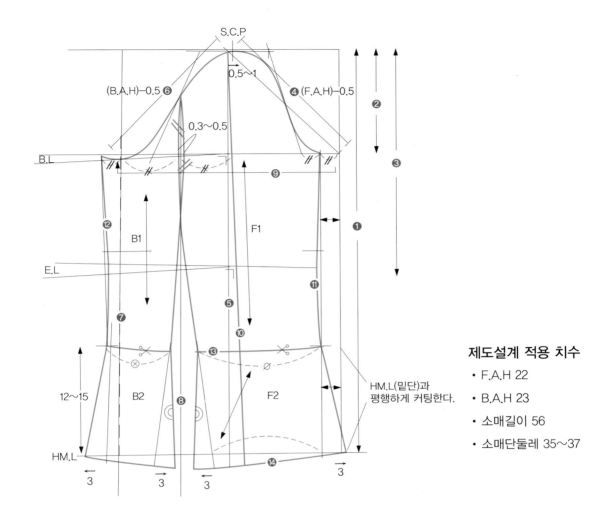

제도설계 적용 치수

- F.A.H 22
- B.A.H 23
- 소매길이 56
- 소매단둘레 35~37

제도설계 순서			
❶ 소매길이(56)	❺ 중심선 직선 내려 긋기(기준선)	❾ 앞판 절개선 설정 후 뒤판으로 옮겨 그리기	⓭ 소매 페플럼 부분 설정 후 선 긋기
❷ 소매산 높이($\frac{F.A.H+B.A.H}{3}$)	❻ B.A.H − 0.5	❿ 중심선 이동 실선 긋기	⓮ 소매 밑단선 그리기
❸ 팔꿈치선(E.L) ($\frac{소매길이}{2}$)+3~4	❼ 소매 옆선 직선 긋기	⓫ 소매 앞판 안선 실선 그리기	
❹ F.A.H − 0.5	❽ 뒤판 절개선 설정 후 직선 긋기	⓬ 소매 뒤판 안선 실선 그리기	

방법1 소매 페플럼 부분 제도설계(절개방법)

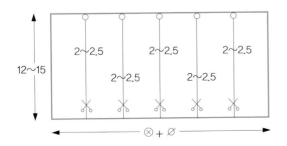

방법2 소매 아래 절개 부분끼리 합선

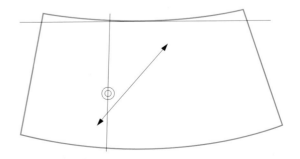

3. 피크드 칼라 페플럼 재킷 패턴 배치도

– 근접마킹과 일방향 마킹 –

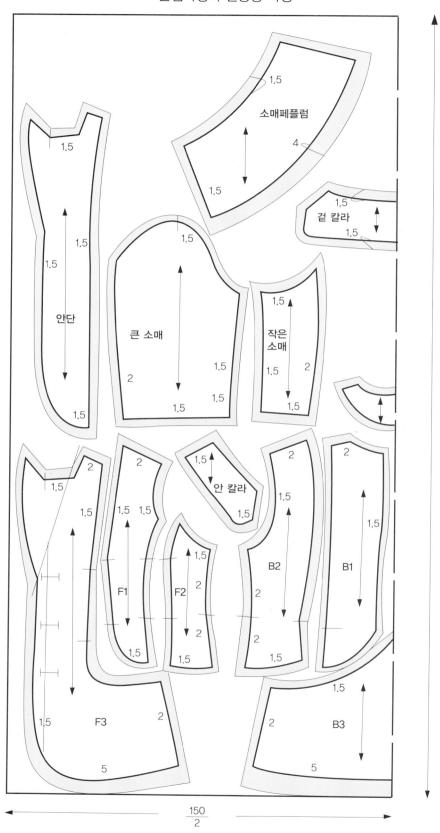

$$\frac{150}{2}$$

1. 셔츠 칼라 재킷 제도설계

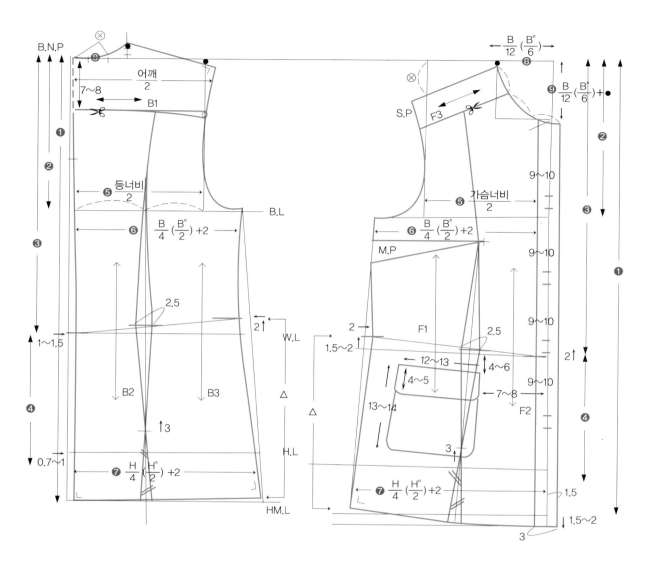

제도설계 순서	
뒤판(Back)	**앞판(Front)**
❶ 재킷길이(65)	❶ 재킷길이(60＋차이치수)
❷ 진동깊이 $\frac{B}{4}(\frac{B°}{2})+1$	❷ 진동깊이 $\frac{B}{4}(\frac{B°}{2})+1$
❸ 등길이(38)	❸ 앞길이(등길이＋차이치수)
❹ 엉덩이길이(H.L) → 허리선(W.L)에서 18~20 내려줌	❹ 엉덩이길이(H.L) → 허리선(W.L)에서 18~20 내려줌
❺ $\frac{등너비}{2}$	❺ $\frac{가슴너비}{2}$
❻ $\frac{B}{4}(\frac{B°}{2})+2$	❻ $\frac{B}{4}(\frac{B°}{2})+2$
❼ $\frac{H}{4}(\frac{H°}{2})+2$	❼ $\frac{H}{4}(\frac{H°}{2})+2$
❽ 목둘레 $\frac{B}{12}(\frac{B°}{6})$	❽ 목둘레(가로) $\frac{B}{12}(\frac{B°}{6})$
	❾ 목둘레(세로) $\frac{B}{12}(\frac{B°}{6})+●$

2. 셔츠 칼라 재킷 두 장 소매 제도설계

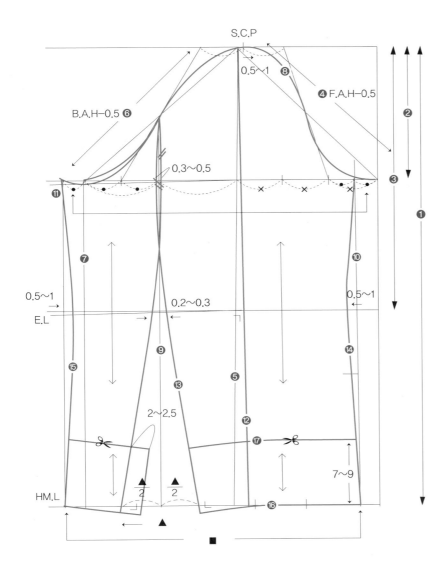

제도설계 순서
❶ 소매길이(56)
❷ 소매산 높이($\frac{F.A.H+B.A.H}{3}$)
❸ 팔꿈치선(E.L) ($\frac{소매길이}{2}$)+3~4
❹ F.A.H − 0.5
❺ 중심선 직선 내려 긋기(기준선)
❻ B.A.H − 0.5
❼ 옆선 직선 긋기
❽ 소매단둘레(25)
❾ 뒤판 절개선 설정 후 직선 긋기
❿ 앞판 절개선 설정 후 직선 긋기
⓫ 앞판 소매 절개선 설정
⓬ 중심선 이동 실선 긋기
⓭ 소매 뒤판 절개선 설정
⓮ 소매 안선 실선 그리기
⓯ 소매 뒤판 실선 긋기
⓰ 밑단선 그리기
⓱ 커프스 절개선 위치 설정

〈커프스 제도설계〉

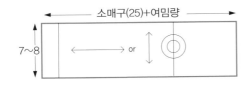

〈셔츠 칼라 제도설계〉

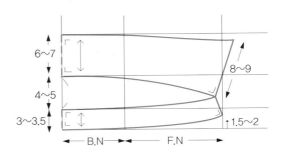

> **Tip**
>
> 칼라의 너비와 크기는 디자인에 따라 증감할 수 있다.

3. 셔츠 칼라 재킷 패턴 배치도(일방향)

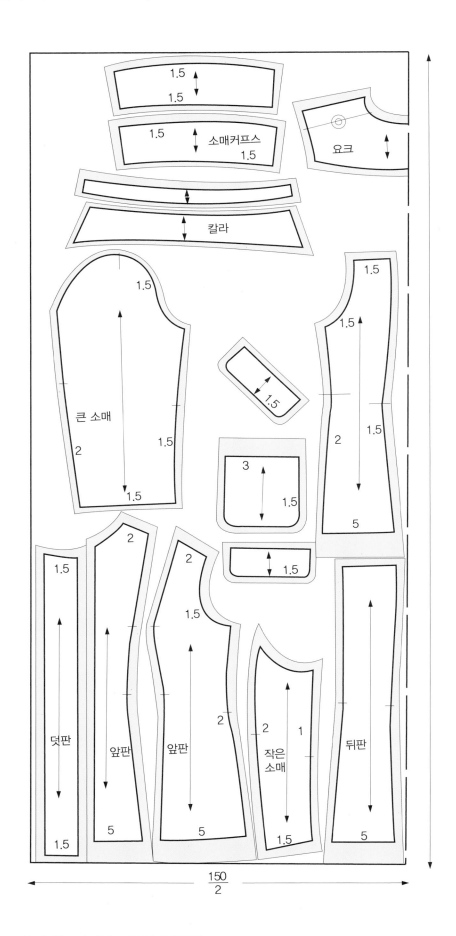

더블 브레스티드 테일러드 재킷
Double Breasted Tailored Jacket

1. 더블 브레스티드 테일러드 재킷 제도설계

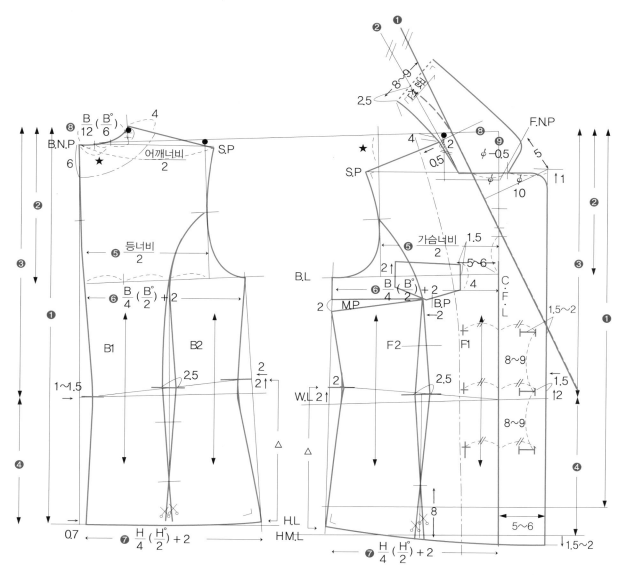

제도설계 순서	
뒤판(Back)	**앞판(Front)**
❶ 재킷길이(58)	❶ 재킷길이(60＋차이치수)
❷ 진동깊이 $\frac{B}{4}(\frac{B°}{2})+1$	❷ 진동깊이 $\frac{B}{4}(\frac{B°}{2})+1$
❸ 등길이(38)	❸ 앞길이(등길이＋차이치수)
❹ 엉덩이길이(H.L) → 허리선(W.L)에서 18~20 내려줌	❹ 엉덩이길이(H.L) → 허리선(W.L)에서 18~20 내려줌
❺ $\frac{등너비}{2}$	❺ $\frac{가슴너비}{2}$
❻ $\frac{B}{4}(\frac{B°}{2})+2$	❻ $\frac{B}{4}(\frac{B°}{2})+2$
❼ $\frac{H}{4}(\frac{H°}{2})+2$	❼ $\frac{H}{4}(\frac{H°}{2})+2$
❽ 목둘레 $\frac{B}{12}(\frac{B°}{6})$	❽ 목둘레(가로) $\frac{B}{12}(\frac{B°}{6})$
	❾ 목둘레(세로) $\frac{B}{12}(\frac{B°}{6})+●$

2. 더블 브레스티드 테일러드 재킷 소매 제도설계

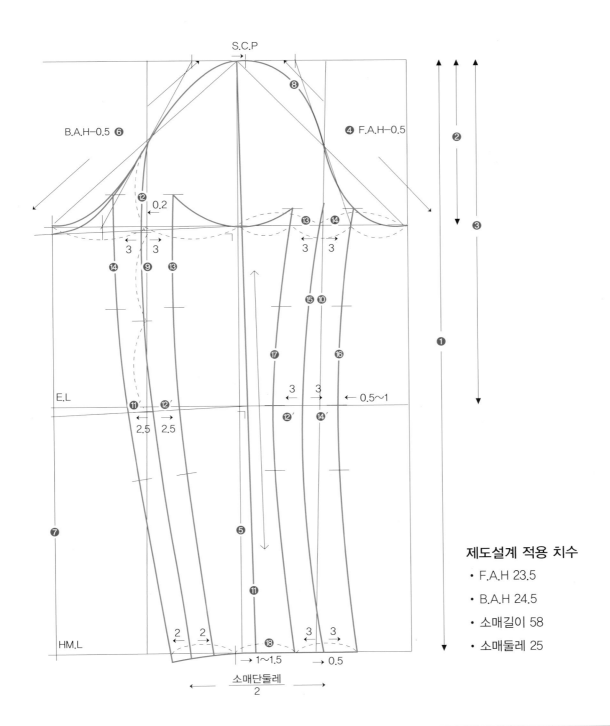

제도설계 적용 치수

- F.A.H 23.5
- B.A.H 24.5
- 소매길이 58
- 소매둘레 25

제도설계 순서		
❶ 소매길이(56)	❻ B.A.H − 0.5	⓫ 중심선 이동 실선 긋기
❷ 소매산 높이($\frac{\text{F.A.H+B.A.H}}{3}$)	❼ 옆선 직선 긋기	⓬ 소매 뒤판 절개선 곡선 긋기
❸ 팔꿈치선(E.L) ($\frac{\text{소매길이}}{2}$)+3~4	❽ 소매산 실선 긋기	⓭ ⓮ 소매 뒤판 실선 그리기(⓬와 평행하게)
❹ F.A.H − 0.5	❾ 뒤판 절개선 설정 후 직선 긋기	⓯ 소매 앞판 실선 긋고 ⓰ ⓱ 평행선 긋기
❺ 중심선 긋기	❿ 앞판 절개선 설정 후 직선 긋기	⓲ 소매 밑단선 $\frac{1}{3}$ 등분선에서 밑단 설정 및 선 정리

3. 더블 브레스티드 테일러드 재킷 패턴 배치도

– 근접마킹과 일방향 마킹 –

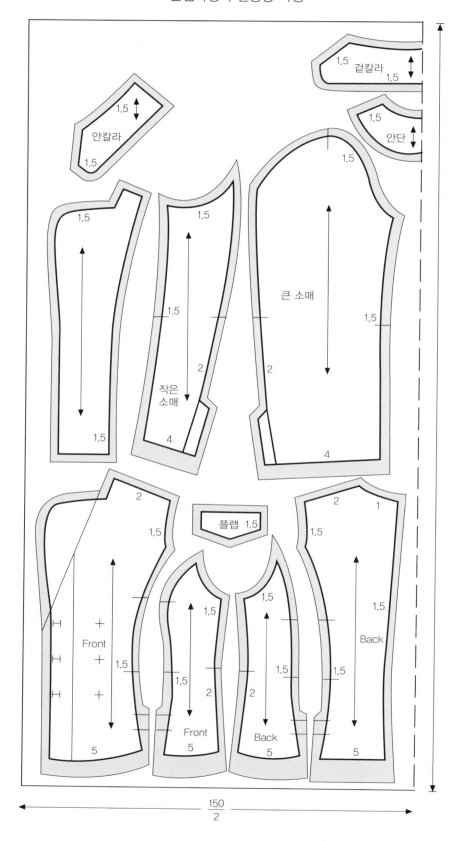

1. 페플럼 재킷 제도설계

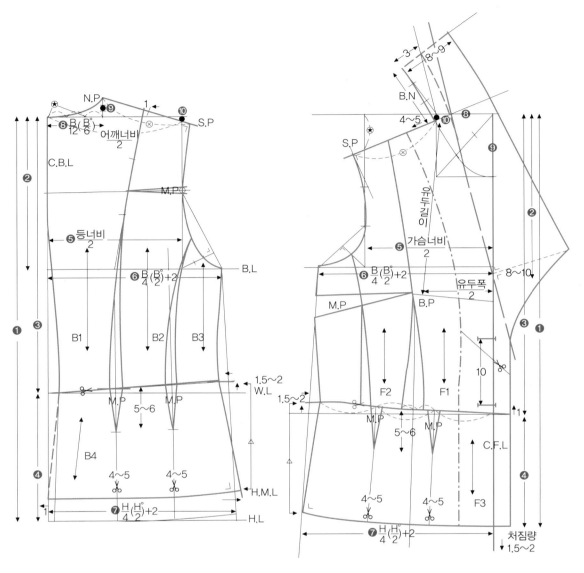

적용 치수	제도설계 순서	
	뒤판(Back)	앞판(Front)
• 가슴둘레 84	❶ 재킷길이(55)	❶ 재킷길이(55+앞길이와 등길이 차이치수)
• 허리둘레 67	❷ 진동깊이 $\frac{B}{4}(\frac{B°}{2})$+1	❷ 진동깊이 $\frac{B}{4}(\frac{B°}{2})$+1
• 엉덩이둘레 92	❸ 등길이(W.L)	❸ 앞길이(등길이 + 차이치수) W.L
• 어깨너비 38	❹ 엉덩이길이(H.L) → 허리선(W.L)에서 18~20 내려줌	❹ 엉덩이길이(H.L) → 허리선(W.L)에서 18~20 내려줌
• 소매길이 65	❺ $\frac{등너비}{2}$	❺ $\frac{가슴너비}{2}$
• 등너비 36	❻ $\frac{B}{4}(\frac{B°}{2})$+2	❻ $\frac{B}{4}(\frac{B°}{2})$+2
• 등길이 38	❼ $\frac{H}{4}(\frac{H°}{2})$+2	❼ $\frac{H}{4}(\frac{H°}{2})$+2
• 상의길이 55	❽ 목둘레 $\frac{B}{12}(\frac{B°}{6})$	❽ 목둘레(가로) $\frac{B}{12}(\frac{B°}{6})$
• 가슴너비 34	❾ 뒤판 목둘레의 $\frac{1}{3}$량(0.7~1)	❾ 목둘레(세로) $\frac{B}{12}(\frac{B°}{6})$ + ●
• 유두길이 25, 폭 18	❿ 0.7~1(목둘레의 $\frac{1}{3}$량)	❿ 0.7~1(목둘레의 $\frac{1}{3}$량)
• 앞길이 41		

2. 페플럼 재킷 소매 제도설계

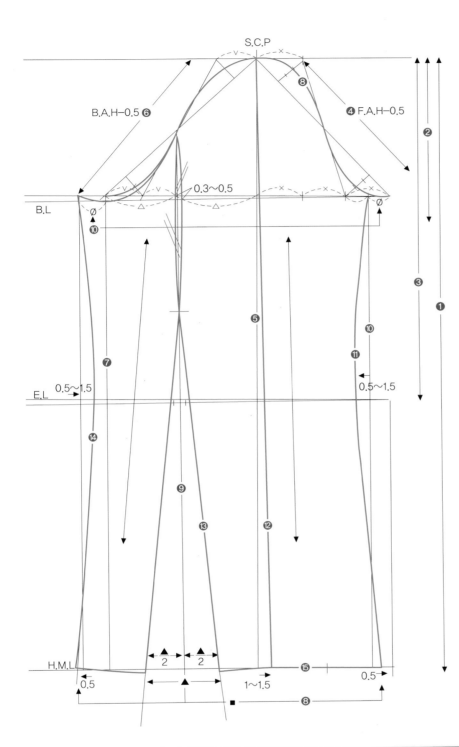

제도설계 적용 치수

- F.A.H 23.5
- B.A.H 24.5
- 소매길이 58
- 소매둘레 25

제도설계 순서		
❶ 소매길이(58)	❻ B.A.H − 0.5	⓫ 앞판 소매 안선 실선 설정
❷ 소매산 높이($\frac{F.A.H+B.A.H}{3}$)	❼ 옆선 직선 긋기	⓬ 중심선 이동 실선 긋기
❸ 팔꿈치선(E.L) ($\frac{소매길이}{2}$)+3~4	❽ 소매단둘레(25) 적용	⓭ 소매 뒤판 절개선 실선 긋기
❹ F.A.H − 0.5	❾ 뒤판 절개선 설정 후 직선 긋기	⓮ 소매 뒤판 실선 긋기
❺ 중심선 긋기	❿ 앞판 절개선 설정 후 뒤판으로 이동	⓯ 소매 밑단선 정리

피크드 칼라 더블 재킷
Peaked Collar Double Jacket

1. 피크드 칼라 더블 재킷 제도설계

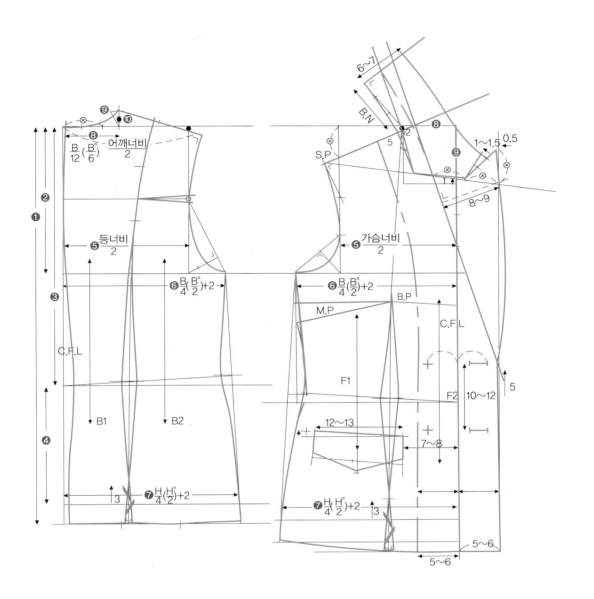

적용 치수	제도설계 순서	
	뒤판(Back)	앞판(Front)
· 가슴둘레 84	❶ 재킷길이(55)	❶ 재킷길이(55+앞길이와 등길이 차이치수)
· 허리둘레 67	❷ 진동깊이 $\frac{B}{4}(\frac{B°}{2})+1$	❷ 진동깊이 $\frac{B}{4}(\frac{B°}{2})+1$
· 엉덩이둘레 92	❸ 등길이(W.L)	❸ 앞길이(등길이 + 차이치수) W.L
· 어깨너비 38	❹ 엉덩이길이(H.L) → 허리선(W.L)에서 18~20 내려줌	❹ 엉덩이길이(H.L) → 허리선(W.L)에서 18~20 내려줌
· 소매길이 65	❺ $\frac{등너비}{2}$	❺ $\frac{가슴너비}{2}$
· 등너비 36	❻ $\frac{B}{4}(\frac{B°}{2})+2$	❻ $\frac{B}{4}(\frac{B°}{2})+2$
· 등길이 38	❼ $\frac{H}{4}(\frac{H°}{2})+2$	❼ $\frac{H}{4}(\frac{H°}{2})+2$
· 상의길이 55	❽ 목둘레 $\frac{B}{12}(\frac{B°}{6})$	❽ 목둘레(가로) $\frac{B}{12}(\frac{B°}{6})$
· 가슴너비 34	❾ 뒤판 목둘레의 $\frac{1}{3}$량(2~2.5)	❾ 목둘레(세로) $\frac{B}{12}(\frac{B°}{6})$ + ●
· 유두길이 25 폭 18	❿ 0.7~1(목둘레 $\frac{1}{3}$량의 $\frac{1}{3}$량)	❿ 0.7~1(목둘레 $\frac{1}{3}$량의 $\frac{1}{3}$량)
· 앞길이 41		

2, 피크드 칼라 더블 재킷 소매 제도설계

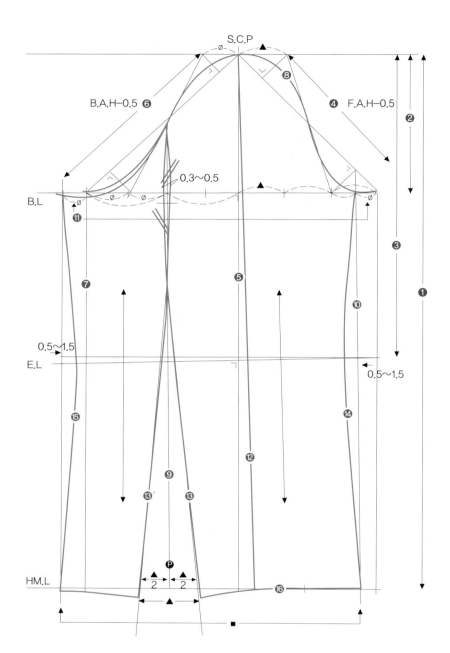

제도설계 적용 치수
- B.A.H 22.5
- F.A.H 23.5
- 소매길이 62
- 소매단둘레 25

제도설계 순서		
❶ 소매길이(62)	❺ 중심선 긋기	❾ 뒤판 절개선 설정 후 직선 긋기
❷ 소매산 높이($\frac{F.A.H+B.A.H}{3}$)	❻ B.A.H – 0.5	❿ 앞판 절개선 설정 후 직선 긋기
❸ 팔꿈치선(E.L) ($\frac{소매길이}{2}$)+3~4	❼ 옆선 직선 긋기	⓫ 앞판 소매 절개선 설정 후 뒤판으로 이동
❹ F.A.H – 0.5	❽ 소매단둘레(25)	⓬ 중심선 이동 실선 긋기
		⓭ 소매 뒤판 절개선 설정 후 실선 긋기
		⓮ 소매 앞판 안선 실선 긋기
		⓯ 소매 뒤판 직선 긋고, 실선 긋기
		⓰ 소매 밑단선 긋기

Tip

소매둘레 계산방법
■ – 소매단둘레(25) = ▲라면 ▲를 P위치에서 빼고 남는 양이 구하고자 하는 소매단둘레의 치수이다.

여성복 패턴메이킹

PATTERNMAKING
FOR WOMEN'S
CLOTHES

코트 & 케이프

CHAPTER. 13

코트 & 케이프

코트 & 케이프.

코트(Coat)는 원피스 드레스나 슈트 위에 방한을 목적으로 겹쳐 입는 외투의 총칭으로, 외출 시에 착용하는 의복으로 시작되었으며 오버 코트(over coat)라고도 한다.

코트는 남성전용으로 귀족이나 군인들이 착용하던 것에서 유래되었으나 여성들의 사회진출과 함께 여성들도 착용할 수 있는 의복으로 오늘에 이르게 되었다.

코트의 종류는 착용목적에 따라 다양하며 용도에 맞추어 다양한 소재가 디자인에 사용되고 있다. 코트는 가장 겉에 입는 옷을 고려하여 여유분의 분배를 적절하게 함으로써 신체의 선을 강조하기보다는 실루엣을 아름답게 보여줄 수 있도록 표현하는 것이 더욱 중요하다.

코트는 실루엣에 따라 다양하며 박스 실루엣, 피트 앤드 플레어 실루엣, 텐트라인 실루엣, 벌룬 실루엣으로 나눌 수 있다.

케이프(Cape)는 어깨에서 팔을 감싸는 민소매의 겉옷으로서 겉옷의 목적보다는 장식성이 높은 의복으로 계급을 상징하는 의복으로 사용되어 왔다.

어깨부터 품이 넉넉하게 늘어뜨려진 의복으로 길이가 길고 풍성한 느낌이 드는 것은 망토라고 하고, 길이가 짧고 장식요소가 가미된 것은 케이프라고 부르고 있다.

1. 스트레이트 하프 롤 칼라 코트 제도설계

스트레이트 코트는 어깨선에서부터 코트의 밑단까지 슬림한 형태의 코트로서 연령과 체형에 관계없이 잘 어울리므로 유행에도 크게 영향을 받지 않는 베이직한 아이템이다.

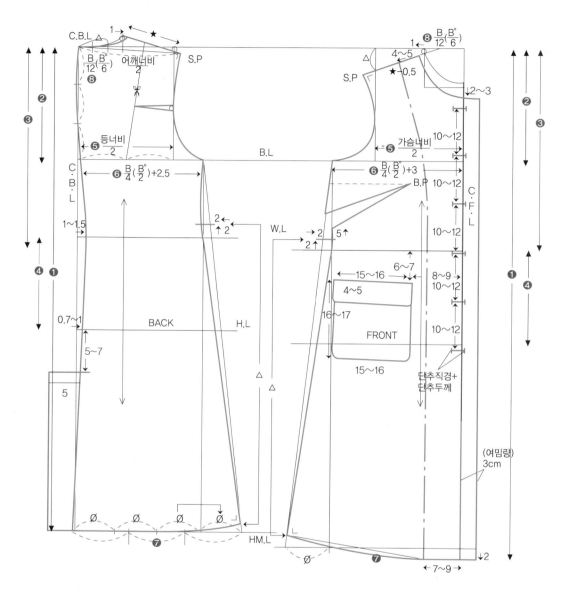

제도설계 순서	
뒤판(Back)	앞판(Front)
❶ 코트길이(102)	❶ 코트길이
❷ 진동깊이 $\frac{B}{4}\left(\frac{B^{\circ}}{2}\right)$+1.5~2	❷ 진동깊이 $\frac{B}{4}\left(\frac{B^{\circ}}{2}\right)$+1.5~2
❸ 등길이	❸ 등길이 + 차이치수(앞길이)
❹ 엉덩이길이(H.L) → 허리선(W.L)에서 20 내려줌	❹ 엉덩이길이(H.L) → 허리선(W.L)에서 20 내려줌
❺ $\frac{등너비}{2}$	❺ $\frac{가슴너비}{2}$
❻ $\frac{B}{4}\left(\frac{B^{\circ}}{2}\right)$+2.5	❻ $\frac{B}{4}\left(\frac{B^{\circ}}{2}\right)$+3
❼ H.M.L 설정	❼ H.M.L 설정
❽ 목둘레(가로) $\frac{B}{12}\left(\frac{B^{\circ}}{6}\right)$	❽ 목둘레(가로) $\frac{B}{12}\left(\frac{B^{\circ}}{6}\right)$

2. 스트레이트 하프 롤 칼라 코트 칼라 제도설계[수티앵(Soutien) & 하프 롤(Half Roll)]

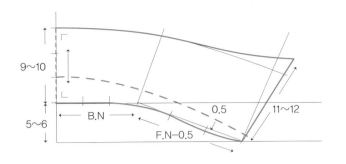

제도설계 적용 치수
- 몸판제도 설계 후 산출
- F.N 13.5
- B.N 10
- 칼라너비 9~10

3. 스트레이트 하프 롤 칼라 코트 소매 제도설계

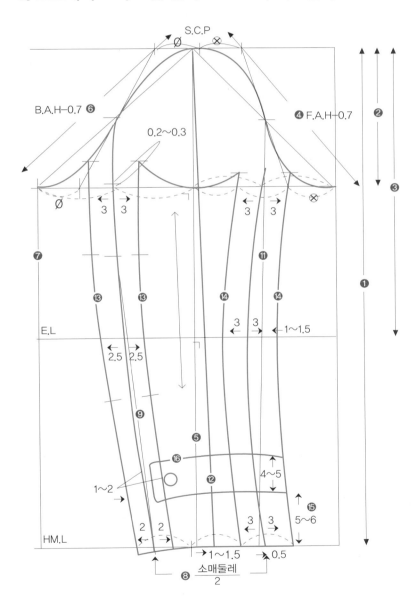

제도설계 적용 치수
- F.A.H 23.5
- B.A.H 24.5
- 소매길이 58
- 소매둘레 26
- 탭 너비 4~5

제도설계 순서
❶ 재킷길이(56)
❷ 소매산 높이($\frac{A.H(F.A.H+B.A.H)}{3}$)
❸ 팔꿈치선(E.L) ($\frac{소매길이}{2}$)+3~4
❹ F.A.H − 0.7
❺ 중심선 긋기
❻ B.A.H − 0.7
❼ 옆선 직선 긋기
❽ 소매단둘레(25)
❾ 뒤판 절개선 설정 후 직선 긋기
❿ 앞판 소매 절개선 설정하기
⓫ 앞판 절개선 설정 후 직선 긋기
⓬ 중심선 이동 실선 긋기
⓭ 소매 뒤판 절개선 실선 긋기
⓮ 소매 안선 실선 그리기
⓯ 탭 위치 설정
⓰ 탭 그리기

4. 스트레이트 하프 롤 칼라 코트 패턴 배치도

– 일방향 마킹 –

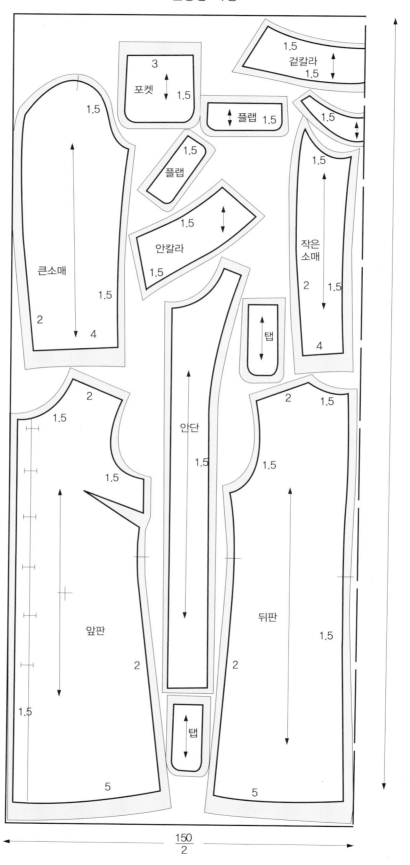

래글런 슬리브 코트
Raglan Sleeve Coat

1. 래글런 슬리브 코트 제도설계(뒤판)

래글런(Raglan) 슬리브는 목둘레선에서 길원형의 진동둘레선까지 선이 연결지어 형성된 슬리브이며, 어깨선이 둥그스름하여 부드럽고 편안한 느낌을 준다. 또한 어떤 아이템에도 잘 어울리며 기능성 또한 높은 슬리브이다. 그러므로 각종 실루엣별 코트에도 잘 어울려 누구나 편안하게 입을 수 있는 아이템이다.

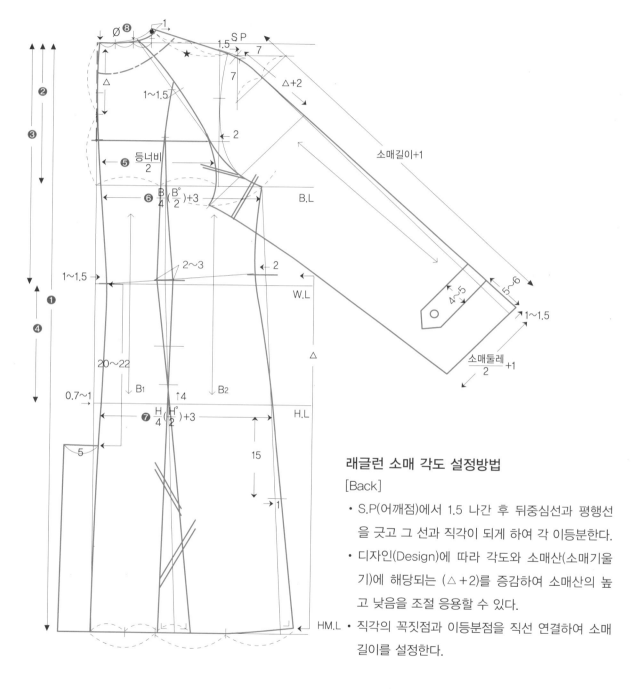

래글런 소매 각도 설정방법

[Back]

· S.P(어깨점)에서 1.5 나간 후 뒤중심선과 평행선을 긋고 그 선과 직각이 되게 하여 각 이등분한다.

· 디자인(Design)에 따라 각도와 소매산(소매기울기)에 해당되는 (△+2)를 증감하여 소매산의 높고 낮음을 조절 응용할 수 있다.

· 직각의 꼭짓점과 이등분점을 직선 연결하여 소매길이를 설정한다.

제도설계 순서			
❶ 코트길이	❸ 등길이	❺ $\dfrac{\text{등너비}}{2}$	❼ $\dfrac{H}{4}\left(\dfrac{H^\circ}{2}\right)+3$
❷ 진동깊이 $\dfrac{B}{4}\left(\dfrac{B^\circ}{2}\right)+1\sim2$	❹ 엉덩이길이(H.L) → 허리선(W.L)에서 20 내려줌	❻ $\dfrac{B}{4}\left(\dfrac{B^\circ}{2}\right)+3$	❽ 목둘레 $\dfrac{B}{12}\left(\dfrac{B^\circ}{6}\right)$

2. 래글런 슬리브 코트 제도설계(앞판)

래글런 소매 각도 설정방법

[Front]

- S.P(어깨점)에서 1.5cm 나간 후 앞중심선과 평행선을 긋고 그 선과 직각이 되게 하여 각 이등분 한다.
- 꼭짓점과 이등분점을 직선 연결 하여 소매길이를 설정한다.

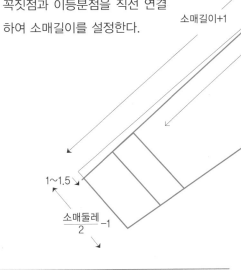
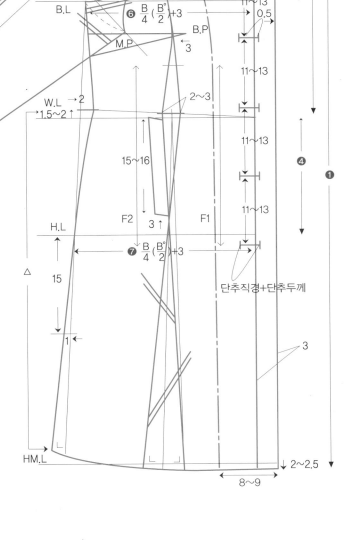

제도설계 순서
❶ 코트길이 + 차이치수
❷ 소매산 높이
❸ 앞길이(등길이+차이치수)
❹ 엉덩이길이(H.L) → 허리선(W.L)에서 20 내려줌
❺ $\dfrac{\text{가슴너비}}{2}$
❻ $\dfrac{B}{4}\left(\dfrac{B°}{2}\right)+3$
❼ $\dfrac{B}{4}\left(\dfrac{B°}{2}\right)+3$
❽ 목둘레 $\dfrac{B}{12}\left(\dfrac{B°}{6}\right)$

3. 래글런 슬리브 코트 칼라 제도설계

제도설계 적용 치수

- F.N 13.5
- B.N 10
- 칼라너비 11~12

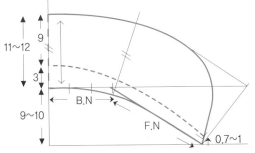

트렌치 코트 A
Trench Coat A

1. 트렌치 코트 A 제도설계

트렌치 코트는 대표적인 레인코트였으나 최근엔 날씨에 관계없이 착용하는 매니쉬하고 남성적인 더블코트이다. 또한 대표적으로 기능성이 높은 의복 아이템 중의 하나이다.

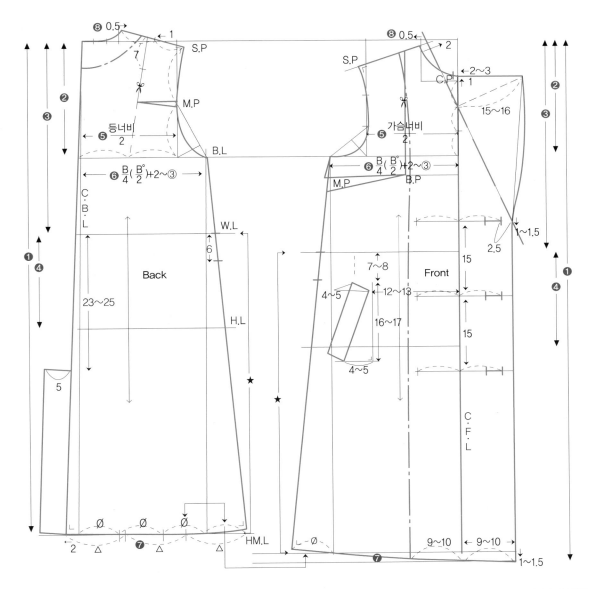

제도설계 순서	
뒤판(Back)	앞판(Front)
❶ 코트길이(105)	❶ 코트길이
❷ 진동깊이 $\frac{B}{4}(\frac{B°}{2})+1.5\sim2$	❷ 진동깊이 $\frac{B}{4}(\frac{B°}{2})+1.5\sim2$
❸ 등길이	❸ 등길이 + 차이치수(앞길이)
❹ 엉덩이길이(H.L) → 허리선(W.L)에서 20 내려줌	❹ 엉덩이길이(H.L) → 허리선(W.L)에서 20 내려줌
❺ $\frac{등너비}{2}$	❺ $\frac{가슴너비}{2}$
❻ $\frac{B}{4}(\frac{B°}{2})+2\sim3$	❻ $\frac{B}{4}(\frac{B°}{2})+2\sim3$
❼ H.M.L 설정	❼ H.M.L 설정
❽ 목둘레(가로) $\frac{B}{12}(\frac{B°}{6})$	❽ 목둘레(가로) $\frac{B}{12}(\frac{B°}{6})$

2. 트렌치 코트 A 칼라 제도설계

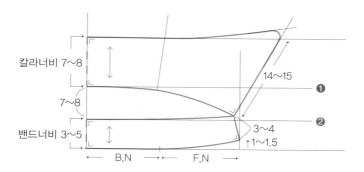

3. 트렌치 코트 A 소매 및 스톰플랫 제도설계

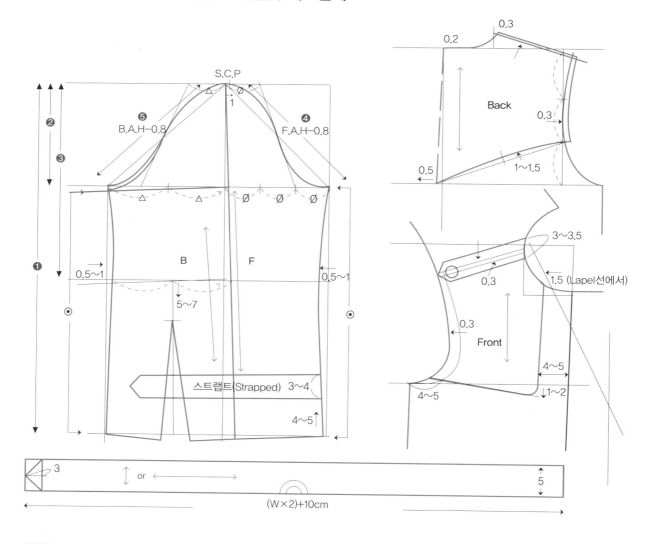

Tip

셔츠칼라 기본형인 밴드는 스탠드칼라와 같은 종류이며 윗칼라의 칼라달림선 ❷의 곡선이 밴드칼라
곡선 ❶보다 강하게 그려진다.

4. 트렌치 코트 A 패턴 배치도

– 일방향 마킹 –

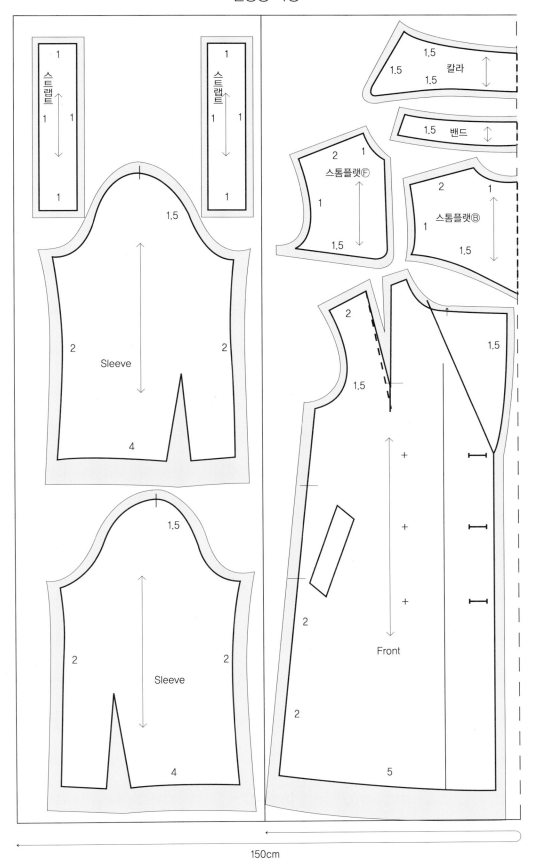

150cm

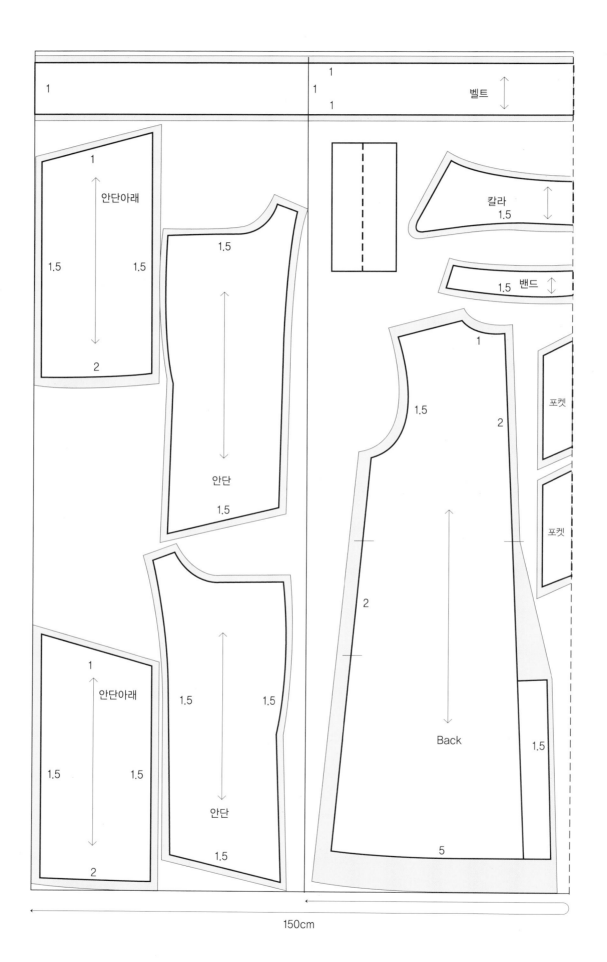

1		1		
		1	벨트 ↕	

안단아래
1
↕
1.5   1.5
2

1.5
안단
1.5

칼라
1.5 ↕

1.5 밴드 ↕

1

1.5

2

포켓

안단아래
1
↕
1.5   1.5
2

1.5   1.5

안단
1.5

2

Back

포켓

1.5

5

150cm

1. 트렌치 코트 B 제도설계

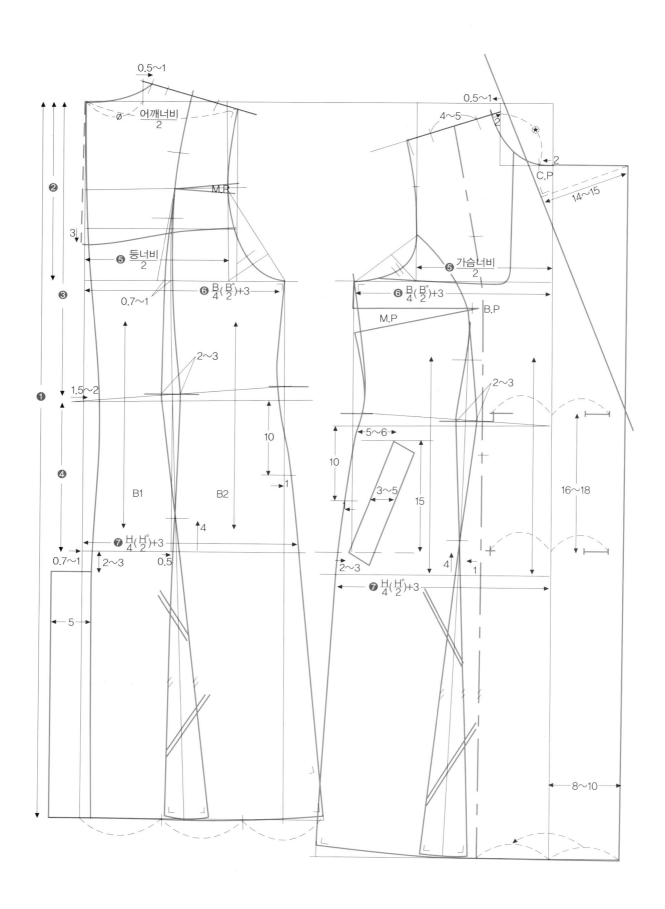

2. 트렌치 코트 B 칼라 제도설계

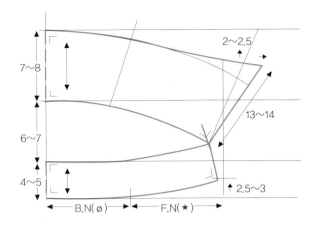

3. 트렌치 코트 B 소매 제도설계

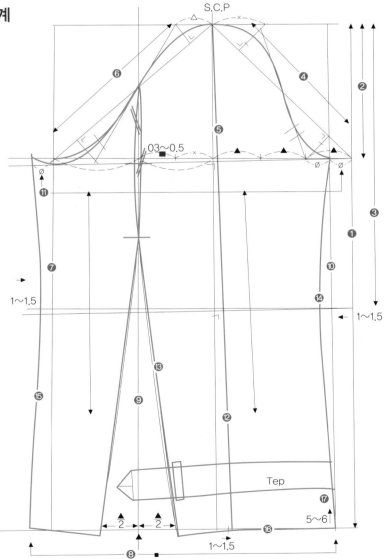

제도설계 순서
❶ 소매길이(65)
❷ 소매산 높이($\frac{F.A.H + B.A.H}{3}$)
❸ 팔꿈치선(E.L) ($\frac{소매길이}{2}$)+3~4
❹ F.A.H(25.5)
❺ 중심선 긋기
❻ B.A.H(26.5)
❼ 옆선 직선 긋기
❽ 소매단둘레(29)
❾ 뒤판 절개선 설정 후 직선 긋기
❿ 앞판 절개선 설정 후 직선 긋기
⓫ 앞판 소매 ø 양만큼 뒤판 이동
⓬ 중심선 이동 실선 긋기
⓭ 소매 뒤판 절개선 설정
⓮ 소매 앞판 안선 실선 긋기
⓯ 소매 뒤판 실선 긋기
⓰ 소매 밑단선 긋기
⓱ 탭 위치 설정

Tip

소매둘레 계산방법
■ − 제시된 소매단둘레(29) = ▲라면, ▲를 P 위치에서 빼면 구하고자 하는 소매단둘레 치수가 성립된다.

1. 르댕 코트 제도설계

르댕 코트는 실루엣이 허리선을 가볍게 조이고 밑단이 약간 넓어지는 코트이며, 일반적으로 가장 많이 애용되고 있는 디자인과 실루엣이다.

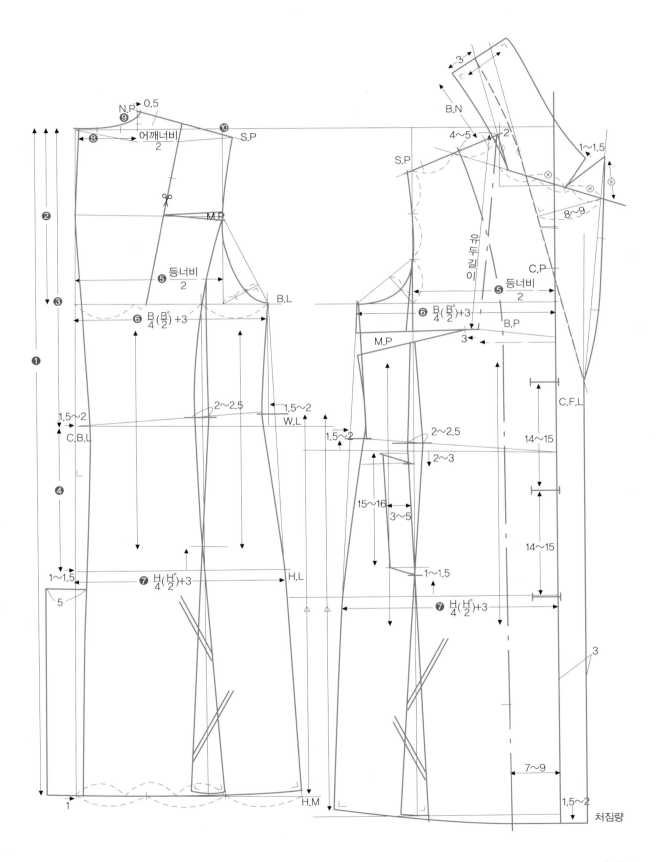

2. 르댕 코트 소매 제도설계

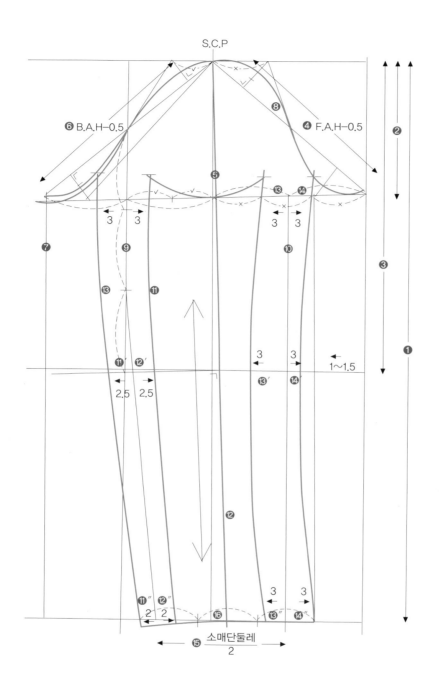

제도설계 적용 치수

- F.A.H 25
- B.A.H 26
- 소매길이 67

제도설계 순서	
❶ 소매길이	❾ 뒤판 절개선 설정 후 직선 내려 긋기
❷ 소매산 높이($\frac{F.A.H+B.A.H}{3}$)	❿ 앞판 절개선 설정 후 직선 내려 긋기
❸ 팔꿈치선(E.L) ($\frac{소매길이}{2}$)+3~4	⓫ 뒤판 소매 절개분량 큰 소매안으로 옮겨 붙여 그리기(기준선)
❹ F.A.H − 0.5	⓬ 중심선 이동(F→) 실선 긋기
❺ 중심선 직선 내려긋기(기준선)	⓭ 소매 뒤판 절개선 곡선 설정
❻ B.A.H − 0.5	⓮ 앞소매 안선 실선 긋기
❼ 옆선 직선 내려긋기(기준선)	⓯ 소매 밑단 소매둘레 치수 적용
❽ 소매산 곡선 그리기	⓰ 소매 밑단선 긋기

프린세스 라인 쇼트 코트
Princess Line Short Coat

1. 프린세스 라인 쇼트 코트 제도설계

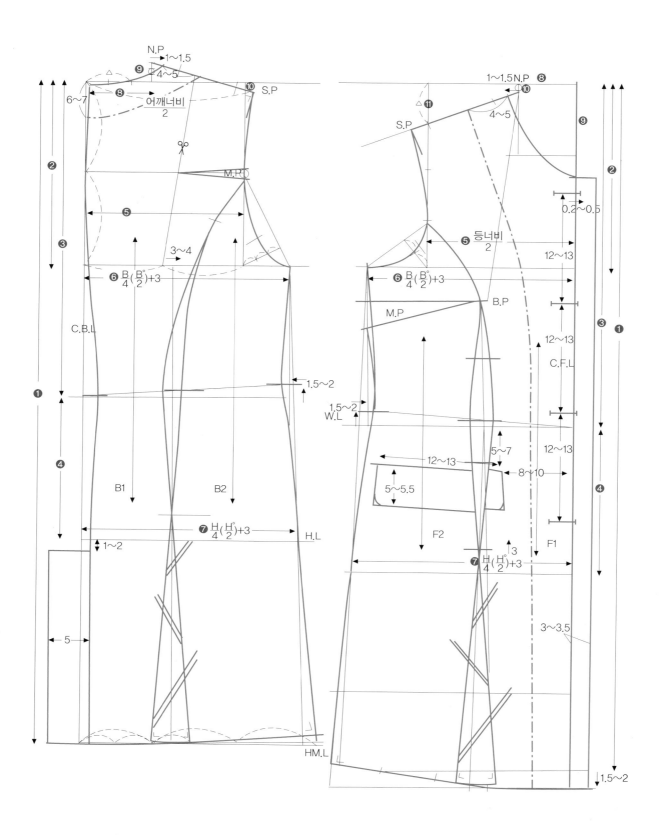

2. 프린세스 라인 쇼트 코트 하프 롤 칼라 제도설계

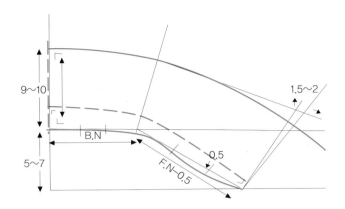

3. 프린세스 라인 쇼트 코트 소매 제도설계

제도설계 순서
❶ 소매길이(63)
❷ 소매산 높이($\frac{F.A.H+B.A.H}{3}$)
❸ 팔꿈치선(E.L) ($\frac{소매길이}{2}$)+3~4
❹ F.A.H(25)
❺ 중심선 긋기
❻ B.A.H(26)
❼ 옆선 직선 긋기
❽ 소매단둘레(28)
❾ 뒤판 절개선 설정 후 직선 긋기
❿ 앞판 절개선 설정 후 직선 긋기
⓫ 앞판 소매 절개선 설정하기
⓬ 중심선 이동 실선 긋기
⓭ 소매 뒤판 절개선 설정
⓮ 소매 안선 실선 긋기
⓯ 소매 뒤판 실선 긋기
⓰ 밑단선 긋기

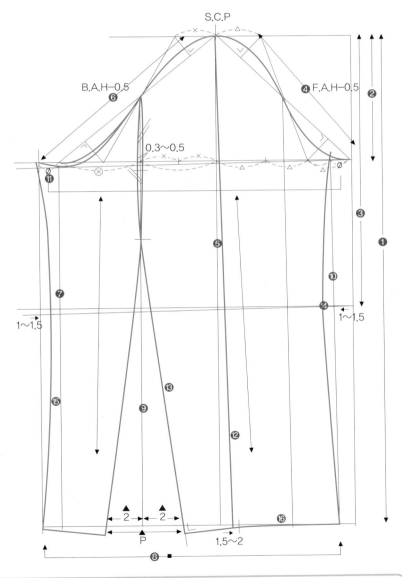

Tip

소매둘레 계산방법

설계된 ■ − 제시된 소매단둘레(28) = ▲, ▲를 P 위치에서 빼면 소매단둘레(28)가 성립된다.

1. 친 칼라 케이프 제도설계(뒤판)

친 칼라는 턱 끝까지 올라오는 칼라로서 방한용 코트의 아이템으로 많이 사용되는 디자인이다.

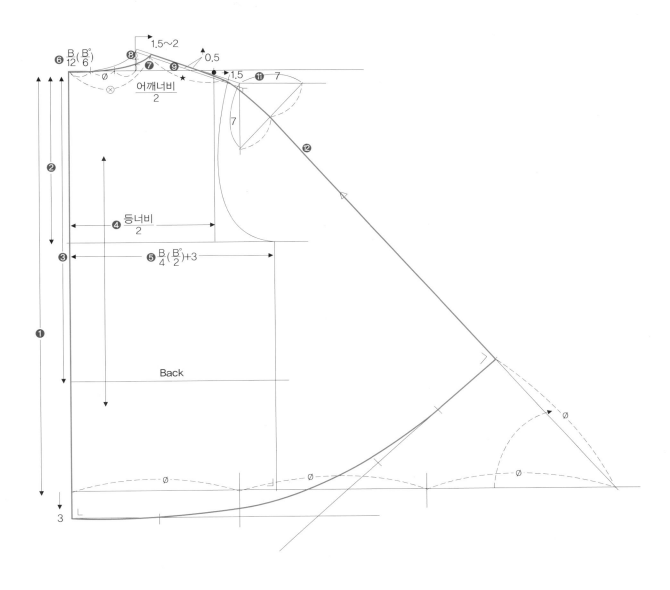

제도설계 순서	
❶ 케이프길이(60)	❼ 목둘레의 $\frac{1}{3}$양 ⌐ 으로 올리기
❷ 진동깊이 $\frac{B}{4}(\frac{B°}{2})$	❽ $\frac{1}{3}$양을 다시 3등분(약 0.7)
❸ 등길이(38)	❾ 등너비 세로선에서 0.7~0.8 내리고 어깨선 설정
❹ $\frac{\text{등너비}}{2}$	❿ 뒤 중심 N.P부터 어깨치수 적용
❺ $\frac{B}{4}(\frac{B°}{2})+3$	⓫ S.P점에서 1.5 내리고 어깨선 각도 설정하기
❻ 목둘레 $\frac{B}{12}(\frac{B°}{6})$	⓬ 각도 45° 지점과 어깨점 직선 연결

2. 친 칼라 케이프 제도설계(앞판)

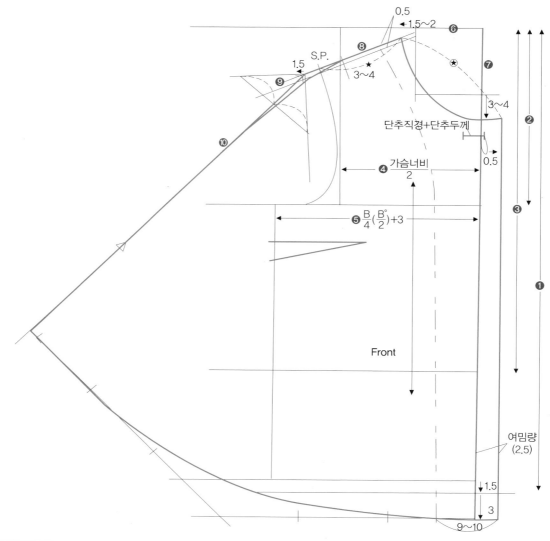

제도설계 순서		
❶ 케이프길이(60)		❻ 목둘레(가로) $\frac{B}{12}(\frac{B°}{6})$
❷ 진동깊이 $\frac{B}{4}(\frac{B°}{2})$		❼ 목둘레(세로) $\frac{B}{12}(\frac{B°}{6})+0.7$
❸ 등길이(38)		❽ B의 몸판 어깨치수 이동
❹ $\frac{가슴너비}{2}$		❾ S.P점에서 1.5 내리고 어깨선 각도 설정
❺ $\frac{B}{4}(\frac{B°}{2})+3$		❿ 45° 지점과 어깨점 직선 연결

3. 친 칼라 케이프 칼라 제도설계

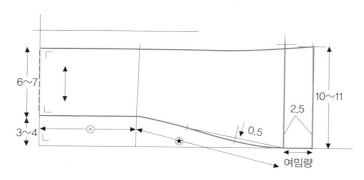

제도설계 적용 치수

- B.N 10.5
- F.N 17
- 칼라너비 6~7

1. 하프 롤 칼라 케이프 제도설계(뒤판)

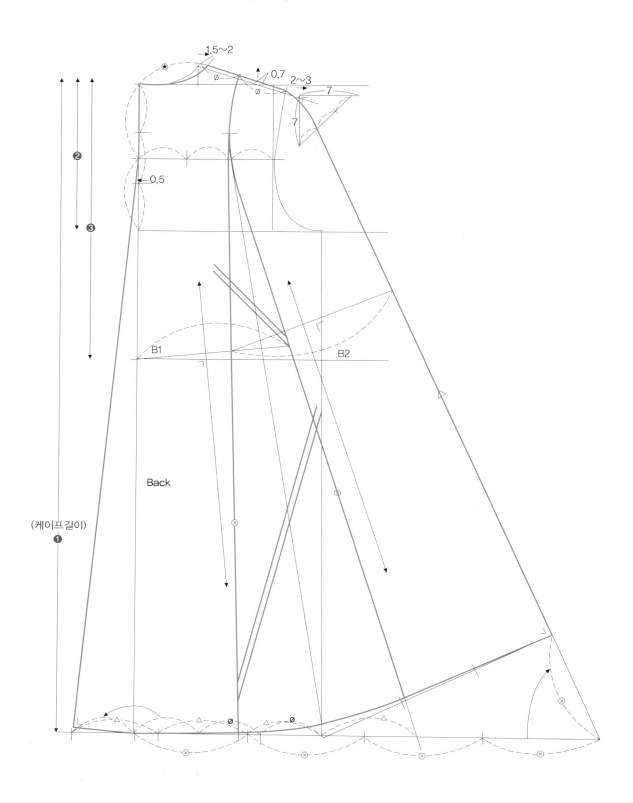

2. 하프 롤 칼라 케이프 제도설계(앞판)

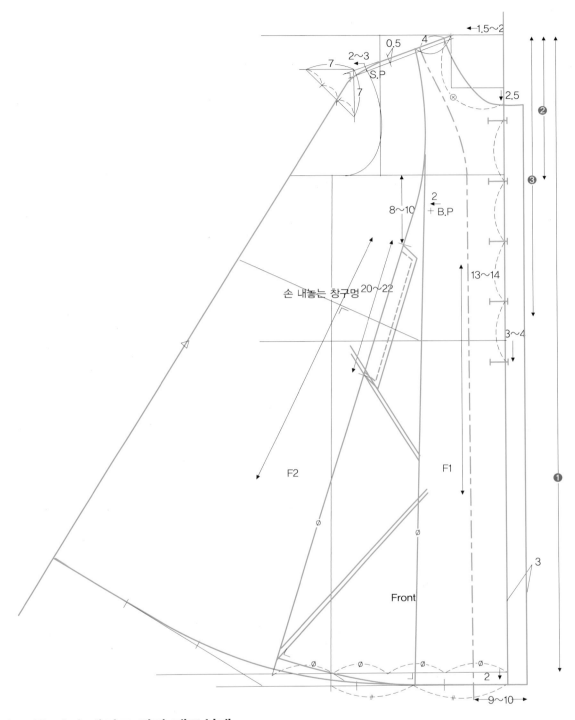

3. 하프 롤 칼라 케이프 칼라 제도설계

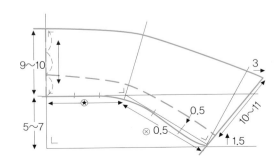

제도설계 적용 치수

• B.N ★

• F.N ⊗

1. 후드 A 제도설계

후드는 목에서 머리까지의 형태에 적합하도록 구성되어 목과 머리를 감싸는 두건의 총칭이다. 착용목적에 따라 다양한 소재와 디자인으로 머리부위에 밀착하는 구조이므로 그에 따른 감각이 요구된다.

제도설계 적용 치수

- B.N ø
- F.N ☆
- 머리높이 30~32
- 머리둘레 25~27

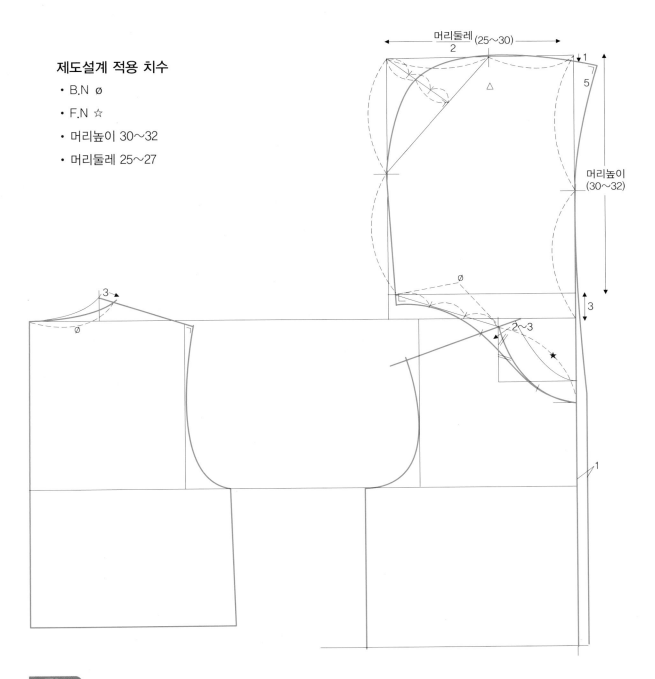

후드 치수 측정방법

후드는 목과 머리를 감싸는 형태이므로 부위의 치수 측정이 요구된다.

· 머리높이는 뒷목점에서 머리 마루점까지 직각자로 세워 잰 치수이다.

· 머리둘레는 뒤꼭짓점을 중심으로 이마를 둘러 잰다.

· 머리 마루점에서 앞목점까지 귓볼을 통과하면서 사선으로 직각자를 세워 잰다.

1. 후드 B 제도설계

후드의 중심선에 머리 두께에 비례한 긴 무를 넣으므로 두상의 형태에 적합한 입체감을 높여준다. 디자인에 따라 다양한 형태와 너비로 적용 가능하다.

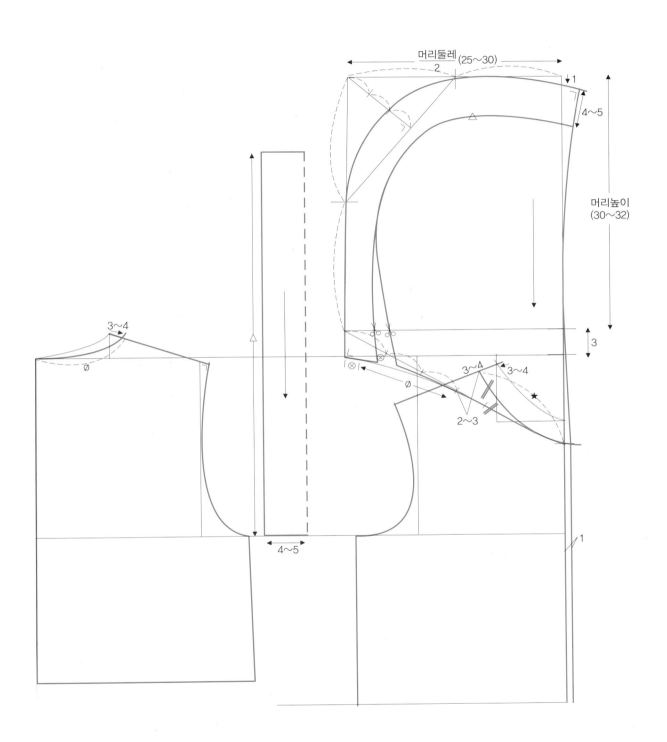

[부록] MarkerPlay

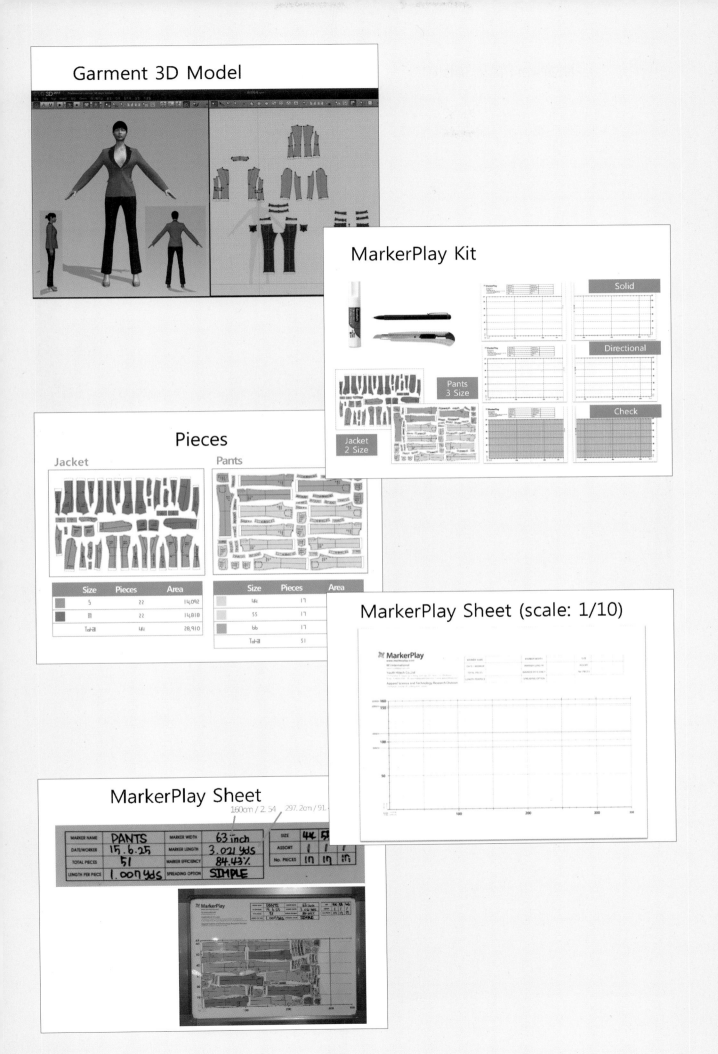

MarkerPlay Table

MARKER NAME		MARKER WIDTH	
DATE / WORKER		MARKER LENGTH	
TOTAL PIECES		MARKER EFFICIENCY	
LENGTH PER PIECE		SPREADING OPTION	

SIZE			
ASSORT			
No. PIECES			

How to Play 1/2

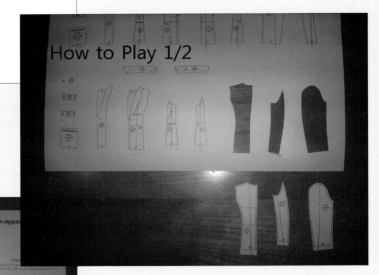

How to Play 2/2

Discussion

MarkerPlay

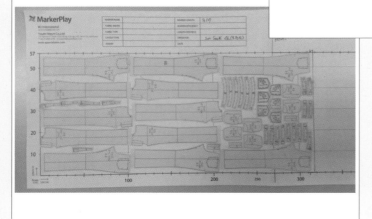

MarkerPlay / NO GOOD

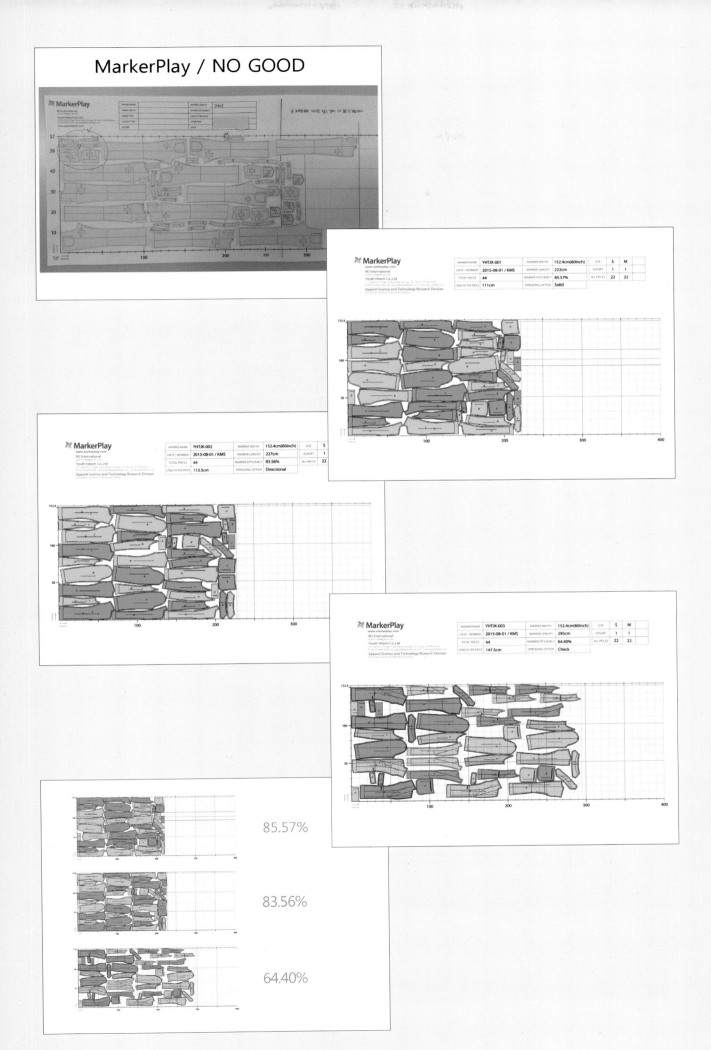

85.57%

83.56%

64.40%

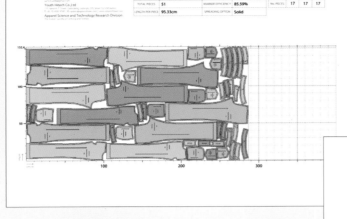

MARKER NAME	YHTPT-001	MARKER WIDTH	152.4cm(60inch)	SIZE	44	55	66
DATE / WORKER	2015-08-01 / KMS	MARKER LENGTH	286cm	ASSORT	1	1	1
TOTAL PIECES	51	MARKER EFFICIENCY	85.59%	No. PIECES	17	17	17
LENGTH PER PIECE	95.33cm	SPREADING OPTION	Solid				

MARKER NAME	YHTPT-002	MARKER WIDTH	152.4cm(60inch)	SIZE	44	55	66
DATE / WORKER	2015-08-01 / KMS	MARKER LENGTH	307cm	ASSORT	1	1	1
TOTAL PIECES	51	MARKER EFFICIENCY	79.84%	No. PIECES	17	17	17
LENGTH PER PIECE	102.33cm	SPREADING OPTION	Directional				

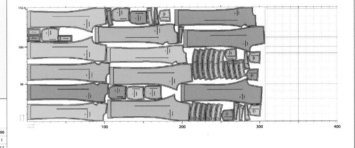

MARKER NAME	YHTPT-003	MARKER WIDTH	152.4cm(60inch)	SIZE	44	55	66
DATE / WORKER	2015-08-01 / KMS	MARKER LENGTH	368cm	ASSORT	1	1	1
TOTAL PIECES	51	MARKER EFFICIENCY	66.45%	No. PIECES	17	17	17
LENGTH PER PIECE	122.67cm	SPREADING OPTION	Check				

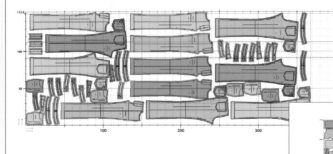

85.59%

79.84%

66.45%

Automatic Marker Making

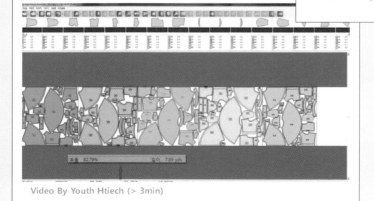

Video By Youth Htiech (> 3min)

Automatic Nesting

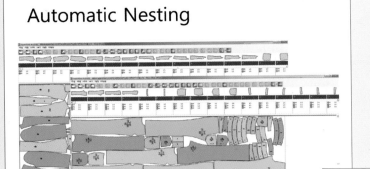

CutPlan Report

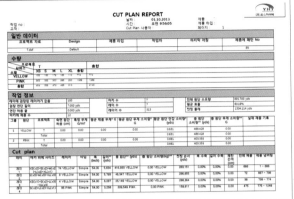

CutPlan

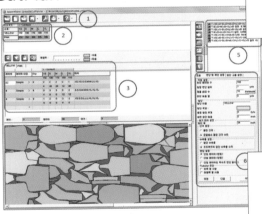

Automatic Cutter & Spreading Table Layout

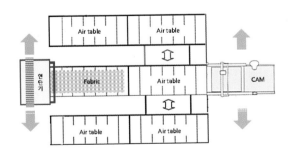

[부록] 작업 의뢰서

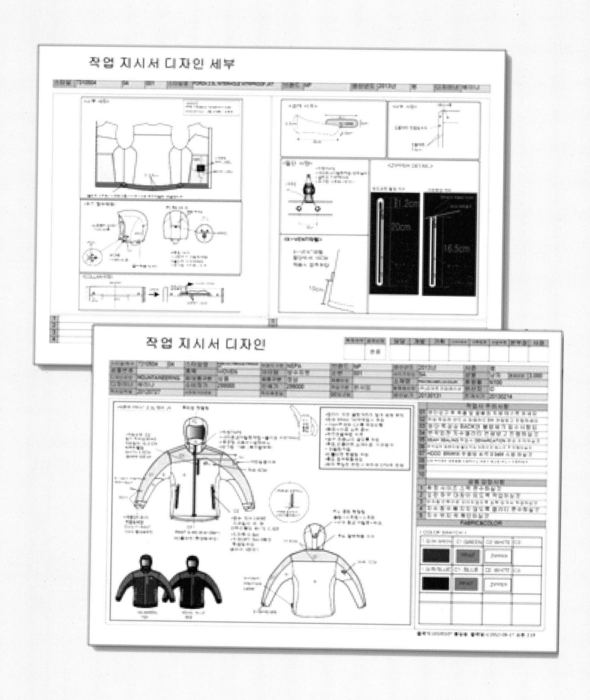

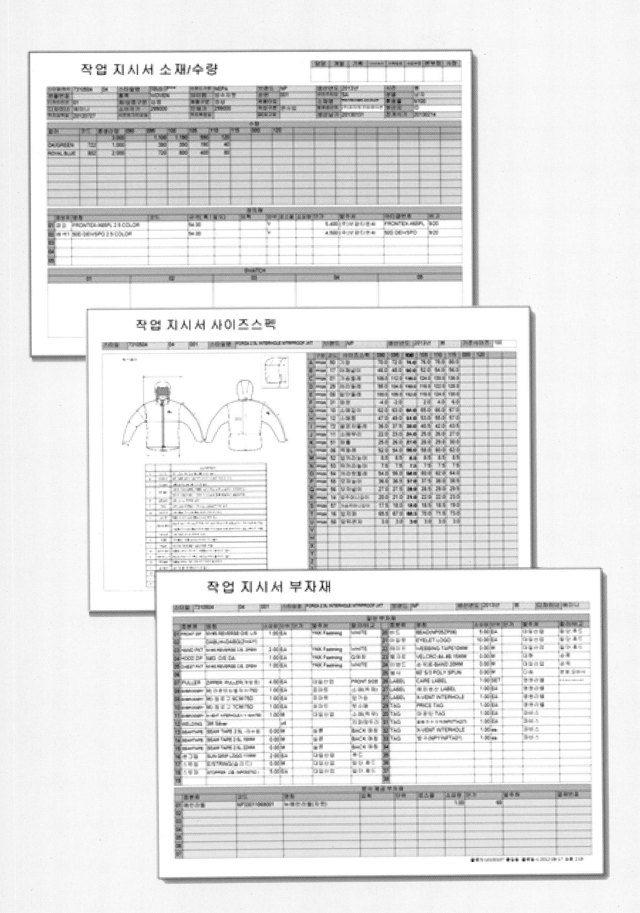

PATTERNMAKING FOR WOMEN'S CLOTHES
여성복 패턴메이킹

발 행 일 / 2019. 7. 10 초판 발행

저　　자 / 김 경 애

발 행 인 / 정 용 수

발 행 처 / 예문사

주　　소 / 경기도 파주시 직지길 460(출판도시) 도서출판 예문사

T E L / 031) 955-0550

F A X / 031) 955-0660

등록번호 / 11-76호

정가 : 27,000원

예문사 홈페이지 http : // www.yeamoonsa.com

ISBN 978-89-274-3162-6 13590

이 도서의 국립중앙도서관 출판예정도서목록(CIP)은 서지정보유통지원시스템 홈페이지(http://seoji.nl.go.kr)와 국가자료공동목록시스템(http://www.nl.go.kr/kolisnet) 에서 이용하실 수 있습니다. (CIP제어번호 : CIP2019023240)